OLHE

COMO MANTER O FOCO EM UM MUNDO REPLETO DE DISTRAÇÃO

CB006241

TAMBÉM DE CHRISTIAN MADSBJERG

The Moment of Clarity:
Using the Human Sciences to Solve Your Toughest Business Problems (com Mikkel B. Rasmussen)

Sensemaking:
O poder da análise humana na era dos algoritmos

OLHE

COMO MANTER O FOCO EM UM MUNDO REPLETO DE DISTRAÇÃO

CHRISTIAN MADSBJERG

Filósofo e especialista em
Ciências Humanas

ALTA BOOKS
GRUPO EDITORIAL
Rio de Janeiro, 2024

Olhe

Copyright © 2024 STARLIN ALTA EDITORA E CONSULTORIA LTDA.
Copyright ©2023 Christian Madsbjerg.
ISBN: 978-85-508-2341-6

Alta Cult é uma Editora do Grupo Editorial Alta Books.

Translated from original Look. Copyright © 2023 by Penguin Random House. ISBN 978-0593542217. This translation is published and sold by Christian Madsbjerg, the owner of all rights to publish and sell the same. PORTUGUESE language edition published by Starlin Alta Editora e Consultoria Eireli, Copyright © 2024 by STARLIN ALTA EDITORA E CONSULTORIA LTDA.

Impresso no Brasil — 1ª Edição, 2024 — Edição revisada conforme o Acordo Ortográfico da Língua Portuguesa de 2009.

Dados Internacionais de Catalogação na Publicação (CIP)
(Câmara Brasileira do Livro, SP, Brasil)

Madsbjerg, Christian
  Olhe : Como manter o foco em um mundo repleto de distração / Christian Madsbjerg. -- Rio de Janeiro : Alta Books, 2024.

  ISBN 978-85-508-2341-6

  1. Autoajuda 2. Atenção 3. Transtorno de déficit de atenção e hiperatividade I. Título.

24-195353   CDD-153.733

Índices para catálogo sistemático:
1. Atenção : Psicologia 153.733

Eliane de Freitas Leite - Bibliotecária - CRB 8/8415

Todos os direitos estão reservados e protegidos por Lei. Nenhuma parte deste livro, sem autorização prévia por escrito da editora, poderá ser reproduzida ou transmitida. A violação dos Direitos Autorais é crime estabelecido na Lei nº 9.610/98 e com punição de acordo com o artigo 184 do Código Penal.

O conteúdo desta obra fora formulado exclusivamente pelo(s) autor(es).

Marcas Registradas: Todos os termos mencionados e reconhecidos como Marca Registrada e/ou Comercial são de responsabilidade de seus proprietários. A editora informa não estar associada a nenhum produto e/ou fornecedor apresentado no livro.

Material de apoio e erratas: Se parte integrante da obra e/ou por real necessidade, no site da editora o leitor encontrará os materiais de apoio (download), errata e/ou quaisquer outros conteúdos aplicáveis à obra. Acesse o site www.altabooks.com.br e procure pelo título do livro desejado para ter acesso ao conteúdo.

Suporte Técnico: A obra é comercializada na forma em que está, sem direito a suporte técnico ou orientação pessoal/exclusiva ao leitor.

A editora não se responsabiliza pela manutenção, atualização e idioma dos sites, programas, materiais complementares ou similares referidos pelos autores nesta obra.

Grupo Editorial Alta Books

Produção Editorial: Grupo Editorial Alta Books
Diretor Editorial: Anderson Vieira
Editor da Obra: José Ruggeri
Vendas Governamentais: Cristiane Mutüs
Gerência Comercial: Claudio Lima
Gerência Marketing: Andréa Guatiello

Produtor Editorial: Thiê Alves
Tradução: Eveline Machado
Copidesque: Alessandro Thomé
Revisão: Catia Soderi; Gabriela Seguesse
Diagramação: Fernanda Buccelli

Rua Viúva Cláudio, 291 — Bairro Industrial do Jacaré
CEP: 20.970-031 — Rio de Janeiro (RJ)
Tels.: (21) 3278-8069 / 3278-8419
www.altabooks.com.br — altabooks@altabooks.com.br
Ouvidoria: ouvidoria@altabooks.com.br

Editora **afiliada à:**

Para Saadia

SUMÁRIO

INTRODUÇÃO XI
O MAIS DIFÍCIL DE VER É O QUE ESTÁ NA NOSSA FRENTE

COMO OLHAR 1

PARTE UM 19
FUNDAMENTOS DA PRÁTICA
APRENDENDO A NOS VER VENDO

A MÁGICA DA PERCEPÇÃO 21

O PRIMEIRO LABORATÓRIO DO OLHAR 29
A HISTÓRIA DA GESTALT

TRÊS ARTISTAS 53
COMO VER ALÉM DA CONVENÇÃO E DO CLICHÊ

MANUAL DA PARTE UM 83
SEIS EQUÍVOCOS COMUNS SOBRE COMO VEMOS O MUNDO

PARTE DOIS 93
PRIMEIROS PASSOS

A GRANDE ESCAVAÇÃO 95
COMEÇANDO COM UMA OBSERVAÇÃO PURA

ENSAIOS E REFLEXÕES 115
EXERCÍCIOS PARA INSPIRAR SUA PRÁTICA

UMA INOVAÇÃO AO VER 117
USANDO A LENTE DA DÚVIDA

COMO OUVIR 131
PRESTANDO ATENÇÃO NO SILÊNCIO SOCIAL

PROCURANDO AS MUDANÇAS CULTURAIS 145
COMO OCORRE A MUDANÇA

OBSERVANDO OS DETALHES 165
ENCONTRANDO PORTAIS PARA O INSIGHT

VENDO O FUTURO NO PRESENTE 185
A HISTÓRIA DO MEU LABORATÓRIO DO OLHAR

**TUDO O QUE VOCÊ PRECISA SABER COMEÇA COM
OS PÁSSAROS** 203

A OBSERVAÇÃO LEVA TEMPO 217

AGRADECIMENTOS 223

NOTAS 225

ÍNDICE 235

> O que determina nosso julgamento, nossos conceitos e nossas reações não é o que a pessoa faz no momento, uma ação individual, mas toda a confusão de ações humanas, o contexto no qual vemos uma ação.
>
> — LUDWIG WITTGENSTEIN

INTRODUÇÃO

O MAIS DIFÍCIL DE VER É O QUE ESTÁ NA NOSSA FRENTE

1.

Uma jornalista chega a uma pequena cidade italiana para cobrir um protesto estudantil. Ela faz anotações descrevendo a revolta dos jovens: "Como a cidade ousa fazer cortes no orçamento dos gastos da universidade, dado o mercado de trabalho cada vez mais fechado?" Ela passa o dia inteiro realizando dezenas de entrevistas com os jovens acampados nas linhas de piquete na praça da cidade e consegue ver tomar forma uma história sobre uma cultura juvenil cada vez mais desesperada sendo espremida por reduções salariais e menos vagas universitárias. Mas nas distrações do protesto, ela não vê quem está nos arredores da praça. Lá, na escuridão, centenas de homens e mulheres mais velhos permanecem em silêncio. Essa geração mais velha já trabalhou na terra e cultivou habilidades que eram valorizadas em fábricas e fazendas. Agora essas pessoas estão à margem, esquecidas e irrelevantes, suas opiniões e preocupações sendo consideradas como sem valor pelos jovens. A jornalista, tão envolvida em capturar aqueles que gritavam, não viu quem ficou em silêncio. Ela registrou uma pequena história sobre um único protesto estudantil, ignorando a história muito maior sobre a ascensão do fascismo de extrema-direita em toda a Itália.

2.

O executivo de uma multinacional de eletrônicos orientava seu departamento para a liderança na indústria televisiva. Por mais de uma década, ele focou toda sua energia em fabricar TVs com telas maiores e alta resolução de imagem. Ele trabalhou com centenas de engenheiros na equipe para inovar em áreas como eficiência da luz, espectros de cores mais amplos e avanços em HD. Seu grupo registrou milhares de patentes conforme se tornou conhecido como o padrão de ouro em tecnologia de tela. Mas ao prestar atenção à maior fidelidade na experiência da tela, ele não viu como o ato de assistir mudava ao seu redor. Em vez de procurar TVs com maior resolução, as pessoas passavam mais tempo vendo seus programas favoritos em laptops e celulares. Ele apostou o futuro da empresa em melhorar as telas, deixando de ver como a experiência humana com essas telas estava mudando. As pessoas não queriam a tela com a melhor qualidade de imagem, queriam a tela que coubesse em seus bolsos, dando-lhes conectividade. Como ele não viu isso?

3.

Um professor de serviço social dirige um programa de pesquisa aclamado em uma universidade da cidade para treinar assistentes sociais. Mas ultimamente, quando ele observa seus aprendizes trabalhando nas burocracias da cidade, descobre que o tempo deles com as pessoas que atendem é formal e apressado. Os aprendizes imediatamente fazem perguntas para preencher a papelada e passam pouco ou nenhum tempo conhecendo aquelas pessoas. No início, o professor achou que os assistentes sociais precisavam de mais orientação, então os encorajou a reservar alguns minutos no início de cada interação para se conectar com os clientes. Façam contato visual, ele sugeriu. Perguntem aos clientes sobre o dia deles, tentem fazer algumas brincadeiras cordiais. Ele lhes apresentou dados robustos que mostravam que esses pequenos gestos criavam mais confiança entre as pessoas a serem atendidas e os assistentes sociais. Mas estes não ficaram convencidos. Seus gerentes estavam contando com eles para entregar certo número de casos a cada semana com todas as perguntas e questões devidamente abordadas. Suas reuniões com as pessoas que atendiam precisavam se concentrar em extrair dados para a papelada, não em se envolver em conversas inúteis. O professor tentou convencê-los do contrário, mas eles permaneceram céticos. Estavam preocupados com o fato de que nunca conseguiriam fazer seu trabalho real. Ocorreu ao professor que ele não conseguiu os convencer do *valor de ser social*.

....

Compartilho essas histórias para ajudá-lo a entender a importância de aprender a prestar atenção no nosso mundo humano. Em cada uma delas, profissionais altamente qualificados deixam de ver os aspectos mais importantes do contexto em que trabalham. Como resultado, fracassam sem entender o porquê. Na verdade, seus esforços nunca resultam em alguma mudança significativa. Eles simplesmente não sabem como discernir o que importa.

Quero que você saiba que entender o contexto social do nosso mundo é o caminho mais importante para chegar a insights significativos. Quando aprender a observar o plano de fundo e o primeiro plano, ficará treinado em ver o que realmente importa para você e as outras pessoas.

Mas qual é o plano de fundo? Como o definimos? Filósofos e pensadores tentam responder a essa pergunta há mais de cem anos, mas a melhor resposta é que plano de fundo é onde absorvemos todos nossos comportamentos, nossas práticas, ideias e nossos hábitos. Ludwig Wittgenstein, um dos filósofos modernos explorando essa ideia, argumentou que "o que determina nosso julgamento, nossos conceitos e reações, não é o que a pessoa faz no momento, uma ação individual, mas toda a confusão de ações humanas, o contexto no qual vemos uma ação".

O plano de fundo — ou *a confusão* — é nada menos do que uma compreensão de como as pessoas entendem o mundo em que vivem. São os padrões e as estruturas de comportamento que guiam nossas ações e decisões cotidianas, tão familiares para as pessoas absorvidas a ponto de estas nem chegarem a prestar atenção nelas. Se um peixe fosse um filósofo, ele descreveria esse plano de fundo — a confusão — como "água".

O incrível é que cada um de nós pode se conscientizar da chamada confusão e aprender a observá-la analiticamente. Essa é uma meta-habilidade chamada de "hiper-reflexão", e neste livro mostrarei como funciona. Desenvolver esse tipo de prática observacional rigorosa transformará sua experiência do cotidiano. Se você projeta megacidades ou metaversos, lida com eleitores ou tenta fazer um acordo com seus colegas, navega pela crise climática ou simplesmente tenta acompanhar a educação escolar de seus filhos, será mais bem-sucedido se reservar um tempo para aprender a ver e entender esse plano de fundo — toda a confusão da ação humana. Esse tipo de observação direta não depende de modelos, teorias ou qualquer outra camada abstrata sobre nossa experiência, e por isso é a maneira mais precisa de entender como e por que nós, humanos, fazemos o que fazemos.

A maioria das pessoas nem sequer para e reconhece que o plano de fundo existe. É lamentável, pois quando você aprende a ver que existe, ele lhe dá o poder secreto da compreensão. A realidade mais rica é revelada, e você começa a prestar atenção no que é mais relevante. Neste livro, mostrarei como cultivar esse poder e usá-lo para resolver desafios grandes e pequenos.

Tudo começa com o olhar. Não pense, olhe.

COMO OLHAR

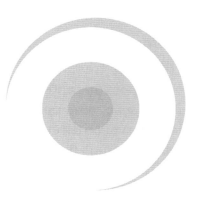

Passo grande parte da minha vida profissional olhando e ouvindo. Há mais de duas décadas, fundei uma empresa chamada ReD Associates porque queria conectar nosso grupo de pesquisadores de ciências sociais, treinados em disciplinas como antropologia, sociologia e filosofia, com organizações que precisavam de observadores altamente qualificados. Pude ver que os líderes de algumas das empresas mais poderosas do mundo, muitas vezes, estavam bem desconectados das pessoas que eles atendiam. Sem realmente entender como observar de fato, eles ficavam desordenados, confiando demais nas abstrações da análise quantitativa e nos perigos do pensamento coletivo. Meu trabalho era ajudá-los a se reconectar com o poder da interpretação humana: reaprender maneiras de olhar e ouvir os outros com foco e atenção.

Quando bem feitas, essas habilidades podem colocar toda uma estratégia em foco, criar novas possibilidades em contextos artísticos, científicos e comerciais e inspirar todos na sala a ver as possibilidades de uma realidade diferente. Se uma observação faz você rir, começar a chorar ou se comprometer a mudar sua vida, é inevitável que observações profundas o levem a dizer: "É verdade!" Essa verdade não é uma lei universal do mundo da ciência natural — os seres humanos são estranhos e não lineares, comparados com átomos ou asteroides —, mas lhe dirá algo profundo sobre como um evento é vivenciado. Quando identificamos o que é verdadeiro, isso tem o poder de esclarecer como algo ou alguém funciona.

Depois de tantos anos trabalhando com habilidades de observação, uma pergunta continuava recorrente: esse tipo de observação direta pode ser ensinado? Eu sabia, depois de contratar mais de mil pessoas, que bons observadores compartilham certas características. Os melhores são atenciosos e raramente tiram conclusões precipitadas. Também são pessoas altamente organizadas e movidas não por suas opiniões, mas pelo que veem. Há ternura, mas também disciplina, nos grandes observadores. Diante de tudo isso, eu poderia ajudar as pessoas com inclinação para observações astutas a melhorar com a prática? Se pudesse, como seria essa prática? A hiper-reflexão pode ser ensinada?

Em 2015, meu amigo Simon Critchley, um filósofo mundialmente famoso, professor na New School e editor da série de opinião de longa data do *New York Times*, "The Stone", juntamente a Tim Marshall, reitor da New School, me pediu para dar um curso com ele que explorasse essas questões. Com criatividade, nós o chamamos de Observação Humana [Human Observation].

Planejar a leitura e os exercícios para o curso me deu a oportunidade perfeita para experimentar respostas para minhas perguntas. Se uma prática observacional pode ser ensinada, quais habilidades são centrais? Quais exercícios devemos usar? E como a observação é apenas um segmento em uma exploração maior de como entendemos o mundo e extraímos significado dele, quais são os outros segmentos essenciais para apreciar a observação em seu nível mais profundo?

Quando Simon e eu criamos o curso, imaginávamos falar com um pequeno grupo de estudantes de filosofia sentado em torno de uma mesa de seminário. Em vez disso, desde o primeiro semestre, o curso Observação Humana tem um excesso de procura, com centenas de alunos ansiosos para se inscrever, vindos de todos os programas de pós-graduação e graduação, com uma longa lista de espera para entrar. Os alunos vinham de todas as áreas: artes liberais, negócios, artes cênicas, design e todas as categorias de ciências sociais e humanas.

Embora tenhamos ficado encantados com o entusiasmo deles, Simon e eu também ficamos surpresos. Não era a resposta que normalmente recebemos na divulgação de um novo curso. Mas, assim que comecei a dar aulas, percebi por que os alunos estavam tão ansiosos para aprender a prestar atenção, ouvir e observar. Eles tinham os mesmos sentimentos desorientados que eu havia identificado nos executivos que conheci ao longo de anos de consultoria. Havia neles uma fome por aprender, mais uma vez, a ver o mundo. Quanto mais tempo eu passava com esses alunos, mais percebia como essas experiências eram difundidas na cultura em geral. Quase todos nós nos sentimos isolados da prática da observação direta. Por quê?

Neste livro, dou minha resposta para essa pergunta. Acho que a maioria de nós está olhando os lugares errados e as coisas erradas. Nossa atenção está no que acontece no primeiro plano, como a pessoa com a voz mais alta da sala, a *commodity* com a maior queda ou a tendência tecnológica com o maior número de usuários. Esse tipo de atenção em primeiro plano nos deixa exaustos e confusos. O que estamos olhando não nos aproxima de uma compreensão da realidade.

Mas, quando focamos nossa atenção em ver e analisar o contexto, insights profundos começam a se encaixar. Esse plano de fundo, ou a confusão, não mostra nada sobre quem disse o que e onde foi dito — o primeiro plano da realidade —, mas revela tudo sobre como e por que as pessoas fazem o que fazem. É o andaime invisível que envolve todos nós e guia nossas ações e nossos comportamentos. A maioria das pessoas nem sequer entende que esse plano de fundo existe e muito poucas reservam um tempo para aprender a observá-lo analiticamente. É precisamente por isso que muitos de nós nos sentimos tão distraídos e improdutivos quando observamos nosso mundo. Tentamos olhar a vista pela janela, mas a maioria de nós está presa olhando por uma vidraça suja. Não admira que todos nos sintamos tão sem inspiração.

Para nossa sorte, um grupo de brilhantes filósofos, antropólogos e artistas abriu caminho para nossa investigação. Eles nos deram um conjunto de técnicas e ferramentas para observar e analisar o contexto. Eu traduzi o trabalho deles, muito denso e difícil de ler, em uma prática acessível chamada hiper-reflexão. Nela, você aprende a ver não a bobagem brilhante e reluzente que chama sua atenção, mas as estruturas sociais ocultas que explicam o que essa bobagem significa, por que está aqui e para onde está indo.

Naquela primeira aula, vários anos atrás, e nas sessões subsequentes em que ensinei, meus alunos encontraram resultados transformadores com essa prática. Nosso trabalho em conjunto confirmou que pessoas de todas as idades e todas as esferas podem aprender e melhorar esse tipo de observação. Ao interagir com as ideias que mais me inspiram, bem como com artistas, escritores e pensadores que dominaram essas habilidades de observação, todos podemos melhorar em ver o mundo ao nosso redor. Aprender a ver nossa realidade como ela realmente existe é uma habilidade que mudará sua vida. Este livro é um convite para você descobrir como.

O QUE É OBSERVAÇÃO?

A observação como habilidade parece simples, mas a maioria de nós entende errado. Colocamos todas as nossas energias na observação de eventos em primeiro plano, em vez de reservar um tempo para entender analiticamente como ver o plano de fundo também. Na primeira parte deste livro, "Fundamentos da Prática", irei guiá-lo pelos fundamentos filosóficos para cultivar uma meta-habilidade como a hiper-reflexão. Em algumas seções, usarei histórias para ajudá-lo a entender meus argumentos. Em outros pontos, darei minha própria interpretação da filosofia que mais me empolga. Em todos os exemplos, no entanto, compartilho apenas o que acho que servirá no desenvolvimento de sua prática de hiper-reflexão. Meu objetivo não é escrever sobre filosofia para filósofos. Quero mostrar como usar a filosofia no dia a dia.

Além da inspiração filosófica, também apresentarei obras-primas observacionais que mudaram o modo como vejo o mundo. São os livros que compõem a essência da aula. Foram úteis para mim, para meus muitos associados ao longo dos anos e para as centenas de alunos que ensinei. Estou confiante de que eles apresentarão novas maneiras de pensar para você também.

A segunda parte deste livro, "Primeiros Passos", fornecerá pequenas reflexões, acompanhadas de instruções, provocações e inspirações destinadas a guiá-lo em sua prática. Alguns desses exemplos podem surpreendê-lo, mas todos eles me ajudaram a entender como funciona o ofício da grande observação.

Os três blocos de construção aos quais retornaremos em cada capítulo se baseiam em uma abordagem filosófica chamada fenomenologia, que é o estudo de como vivenciamos o mundo.

COMO ESTUDAMOS AS EXPERIÊNCIAS?

Fenomenologia é "a ciência dos fenômenos" e talvez seja a tradição filosófica mais importante do século XX. Em sua essência, afirma que é possível descrever a experiência humana das "coisas" diretamente sem filtros e que essa descrição nos dá uma compreensão muito melhor do que significa ser humano. Não procuramos entender o que um indivíduo sente em determinado momento, mas sim toda a estrutura de como experimentamos o mundo. Baseados em quê fazemos o que fazemos? Os fundadores dessa tradição argumentam que nós, os humanos, raramente pensamos abstrata e analiticamente sobre a vida que acontece ao nosso redor. Entendemos muito bem como nosso mundo funciona, mas raramente pensamos sobre isso. Em essência, fenomenologia é o estudo de como o mundo humano funciona e de tudo o que dá sentido à nossa vida.

A fenomenologia pode desbloquear a experiência de viver em uma cidade ou a sensação de ser mãe. É sobre se vemos a bandeira de nosso país e a consideramos com nostalgia e confiança ou com desdém e raiva. Como uma ferramenta, pode descrever a experiência de uma coisa como um caminhão. Qualquer caminhão tem peso, cor e forma. Os caminhões têm um limite físico que podemos medir para a rapidez com que podem ser dirigidos e quanto podem rebocar. Podemos pensar sobre esses pontos de dados, mas eles dizem muito pouco sobre o papel que um caminhão desempenha em nossa vida e comunidade. Tais fatos são particularmente pobres em descrever o ato real de dirigir o caminhão. Como motoristas, nos envolvemos diretamente na condução sem realmente pensar de forma analítica sobre isso. Essa imersão total no mundo do que "fazemos", em vez de naquele do que "pensamos", é um princípio central da fenomenologia. A experiência raramente tem algo a ver com pensar e quase tudo a ver com estar ativamente envolvido no mundo.

Pode parecer pouco científico, mas é uma maneira altamente organizada de explorar o que as coisas significam para nós e como usamos diferentes equipamentos em nossa vida. Se você for a um joalheiro e lhe mostrar um anel de diamante, por exemplo, ele avaliará o número de quilates. Esse número lhe dará informações sobre a composição científica da pedra, mas apenas a fenomenologia lançará luz sobre sua experiência em relação a esses quilates. Qual papel essa pedra gloriosa tem em nossa vida? Isso nos faz sentir seguros? Sobrecarregados? Envergonhados? Amados? O que significa usá-la em seu dedo? Como você se sente quando anda com ela? E em que se baseiam essas experiências?

O que nos interessa é o que nos é mais familiar, tão familiar que estrutura nosso comportamento a ponto de nunca ser algo em que pensamos. Parece tão normal e verdadeiro, mas quando olhamos diretamente, muitas vezes, é bem estranho. Quando eu uso as palavras *plano de fundo*, me refiro à maneira como todos nós temos familiaridade com os mundos que conhecemos bem. Paramos de ver o contexto porque ele é muito familiar para nós. Como observadores, queremos analisar o que é familiar para as pessoas e descobrir como e por que funciona.

Veja outro exemplo de fenomenologia. Uma hora tem sempre 60 minutos e 11h é a mesma hora (aproximadamente) todos os dias, mas um minuto pode ser vivenciado como uma hora e uma reunião às 11h pode parecer que está iniciando o dia. Quanto dura um minuto na experiência do tempo, em vez do tempo marcado no relógio? A medição abstrata dos incrementos de tempo não revela nada sobre como vivenciamos esse tempo. Como é viver esse minuto específico nesse contexto muito específico? Qual é nossa vivência da reunião às 11h?

Se tudo isso lhe parece *pouco* científico — afinal, como você pode criar uma ciência a partir do modo como as coisas são vivenciadas por uma pessoa em algum lugar do mundo? —, reflita de uma maneira diferente. A fenomenologia não revelará a essência de algo (um carro, uma joia ou um restaurante), mas sim a essência de nosso *relacionamento* compartilhado com esse algo. Nem tudo é importante para nós o tempo todo. Temos uma relação com as coisas em nossa vida, e a fenomenologia pode nos mostrar quais coisas importam mais e quando.

Veja o conceito de dinheiro. Em vez de examiná-lo no mundo físico (como celulose com tinta impressa), tente examiná-lo no mundo humano. O dinheiro é uma linguagem compartilhada para valor. A maioria de nós prefere ter mais, e não menos. Muitos de nós têm medo dele. Alguns acham que é estimulante, já certas culturas se recusam a falar em voz alta ou mesmo reconhecer sua existência. Quando os bancos abrem contas para seus clientes, normalmente dão às pessoas com mais dinheiro maior acesso a ele. No mundo dos banqueiros, é vital que os principais clientes tenham total transparência em suas contas. Mas se você olhar mais de perto como as pessoas ricas *vivenciam* seu dinheiro, ou seja, como o têm ou o gastam, a perspectiva do banqueiro pode não ser a mentalidade mais apropriada para abrir uma conta. Afinal, a maioria das pessoas com dinheiro não quer vê--lo todos os dias. Elas querem ter certeza de que está seguro, mas não têm interesse em contá-lo como os banqueiros fazem. Dessa forma, os banqueiros perdem a oportunidade de ter relações mais significativas com as pessoas atendidas porque impõem seus valores aos clientes.

O slogan da fenomenologia é: "Para a coisa em si." A ideia é estudar a coisa em si, sendo ela um trabalho de literatura, a morte, a família, um carro, uma vacina ou o hospital, sem noções preconcebidas, respostas fáceis da moda ou dogmas impostos. É assim que começamos a chegar às observações que levam a insights.

Pense em um momento recente quando você decidiu comprar uma casa nova, deixar seu emprego ou se casar. Você pode ter ideias ou histórias que conta a si mesmo sobre como tomou a decisão, mas tente eliminar esses conceitos e examinar sua experiência genuína. Como você realmente passou da experiência de "não saber" para a de "tomar uma decisão"? Por exemplo, honestamente, como fez escolhas sobre o orçamento deste ano? Quando realmente decidiu começar um relacionamento ou ter uma família? Como chegou à decisão de mudar de emprego?

Eu diria que a maioria dessas decisões foi tomada não de uma maneira inteiramente racional, mas abaixo do nível do consciente. Agora você pode trazer algum rigor para observar e descrever essa experiência. Em que ela se baseia? É onde realmente começa o estudo das experiências: com a experiência direta em primeira pessoa. Mas não é uma licença para olhar para o umbigo, porque a experiência subjetiva é apenas o começo. Você a usa para pensar em como descobrir padrões que ocorrem no todo. A fenomenologia não está interessada no que é extraordinário, mas no que é usual, familiar e comum para todos (ou a maioria de) nós. Assim, não se trata de sondar um grande número de pessoas nem encontrar a maior amostra. Cada experiência humana usual e comum pode ser coletada e examinada para entender bem os padrões de comportamento que todos compartilhamos.

Dessa forma, o estudo da experiência não é apenas sobre você e sua realidade subjetiva, nem apenas sobre o que acontece no mundo científico da "realidade objetiva". A arte e a ciência das grandes observações florescem no espaço entre as duas. Podemos chamar esse espaço de "intersubjetivo", o que acontece entre nós e o mundo dos outros. É o nosso mundo compartilhado e o lugar dos relacionamentos, e as grandes observações revelam algo verdadeiro sobre como nos relacionamos com ele. Os melhores observadores não perguntam: o que está acontecendo? Eles perguntam: como vivenciamos isso?

Se você costuma entender seu mundo principalmente por meio de estatísticas, tendências, planilhas ou qualquer outra estrutura abstrata, o estudo das experiências lhe dá a chance de atualizar sua perspectiva. Eu amo estatística e acho emocionantes os avanços na ciência e na tecnologia, mas precisamos de um ponto de partida melhor do que qualquer uma dessas estruturas. Em vez de começar uma investigação vendo números ou uma hipótese formada previamente, comece com uma observação direta. Remova a sabedoria e as suposições recebidas e faça um balanço do que suas observações revelam sobre a rica realidade do mundo que todos nós compartilhamos.

NÃO É *O QUE* AS PESSOAS PENSAM, MAS COMO

Nosso trabalho como observadores não é prestar atenção no que os outros pensam. Por quê? Quando você realmente reflete sobre a maioria das conversas ao seu redor, já sabe que o tempo todo as pessoas dizem coisas que não querem dizer. Os melhores observadores tomam nota do que as pessoas dizem, mas não apostam muito nisso. O papel do observador é ir além do que é dito ou feito para realmente entender por que as pessoas se comportam de tal maneira. Queremos entender o todo: como as pessoas pensam? O que elas acreditam ser verdade? Onde está a chave que abre o portal para um entendimento mais amplo? O que nos leva a fazer as coisas que fazemos?

Veja a diferença na educação infantil na cidade onde passei a maior parte de minha juventude, Copenhague, e a cultura de onde moro agora em Nova York. Se você quisesse ter uma melhor compreensão de como a educação infantil funciona, perderia algo essencial vendo apenas *o quê*: a porcentagem de crianças na creche, por exemplo, ou o número de crianças, em média, em cada família dinamarquesa. Você também não pode pedir ao povo dinamarquês em Copenhague para explicar conscientemente sua experiência de criar filhos. Eles lhe contarão todos os tipos de detalhes curiosos sobre suas filosofias parentais pessoais — como os ovos frescos tornarão as crianças mais inteligentes ou como uma caminhada rápida acabará com um resfriado —, muitos tendo pouca semelhança com seu comportamento. Prestar atenção a essas informações não lhe dará uma imagem precisa de toda a experiência de criar filhos em Copenhague. Esses detalhes são como se contentar com migalhas de pão, enquanto os melhores observadores sabem que estão buscando o pão inteiro e a receita de como ele é feito. O observador atento ouve o *como* do pensamento dinamarquês. Esse "como", a imagem inteira, é a ideia de *exposição*.

As crianças dinamarquesas são habitualmente expostas aos elementos da natureza — na maioria dos dias, ao ar livre, inverno e verão. São expostas a brigas, às vezes intensas, entre grupos de crianças, sem intervenção de adultos. Há menos campanhas *antibullying*, menos preocupações com alergias a amendoim, menos reuniões de consenso e nenhum troféu de participação. As crianças dinamarquesas são deliberadamente expostas a todo o tipo de opiniões e linguagem, porque é assim que se vive em um país com uma rede de apoio segura. Em Copenhague, os pais vivem tentando expor seus filhos o máximo possível. É "como" eles pensam.

Por outro lado, onde meus próprios filhos estão crescendo em Nova York, o "como" do pensar é *proteção*. As crianças são protegidas contra germes, agressores, opiniões prejudiciais e linguagem considerada "violenta" contra elas ou os outros. Criar filhos neste mundo é acreditar que a infância é inerentemente inocente e mais bem gerida com intervenções de proteção regulares dos adultos. Para entender melhor a diferença entre as duas abordagens, considere a analogia da comida: a maioria das culturas europeias tende a pensar na comida como uma entidade viva com aspectos de podridão que são desejáveis na forma de queijos e outra fermentação. Já a cultura alimentar norte-americana tenta proteger os alimentos com pasteurização, favorecendo a pureza, a segurança e a longevidade em relação a essa deterioração natural. Assim, as crianças na cidade da minha juventude são deixadas sozinhas com menos intervenção, enquanto em Nova York elas são afastadas do conflito com a proteção dos adultos.

Essa compreensão do todo não se revelará imediatamente para um observador. Ao contrário de uma Polaroid, que materializa uma imagem clara em segundos, a visão geral das grandes observações exige paciência e rigor analítico. Ao longo do caminho, até os melhores observadores são vulneráveis às distrações do "que" as pessoas dizem. É aqui que a fenomenologia nos fundamenta. Estamos sempre retornando ao fenômeno, nesse caso, a "educação infantil", e procurando o comportamento e as crenças não articuladas que o estruturam. Quando começar uma observação, você ouvirá o "o quê" imediatamente. Não se deixe enganar. É imperativo esperar por uma chave para destrancar o portal: "Como este mundo funciona?" É assim que a outra realidade se revela para nós.

OBSERVAÇÃO NÃO É OPINIÃO

Meus alunos aprenderam a acreditar que as opiniões vêm em primeiro lugar e a análise crítica vem depois. Em nosso trabalho juntos, eu os encorajo a pausar o impulso de opinar. Certamente há um momento e um lugar para opiniões, mas nunca nos estágios iniciais de um processo de observação. Precisamos notar, ver, prestar atenção, observar, não concluir.

Comece e termine com a descrição, não a opinião. A essência da boa observação não é tentar enaltecer ou persuadir. Certamente não é difamar. Em todas as melhores observações, a moralidade não tem interesse, e as descrições são separadas de bons ou maus sentimentos sobre as pessoas envolvidas. O que você acha, ou o que eu acho, não é a questão. Não é um alívio?

Grande parte de nosso cotidiano exige decisões. O que preparamos para o jantar? Quanto tempo permitiremos que nossos filhos fiquem no computador? O que achamos do novo empreendimento habitacional sendo construído na rua? Quando nosso objetivo é a observação, e não a opinião, é semelhante a dizer que "não estamos tomando decisões".

Pode ser incrivelmente desconfortável. Muitos de meus alunos ficam ansiosos e alguns até sentem náuseas quando observam diretamente o mundo sem nenhuma estrutura política. Todos nós desejamos alguma certeza sobre o que vemos, mas é essa certeza que prejudica nossa capacidade de discernir a verdade. Quando começar com a intenção de não tomar uma decisão ou quando trabalhar para minar diretamente suas próprias suposições para provar que está errado, verá sua própria percepção em ação.

Assim que você ficar mais confortável com essa quietude, a suspensão do julgamento será libertadora. Em vez de opinar ou correr para teorizar, os melhores observadores esperam, observam e descrevem, e, no processo, eles conseguem ver quais mistérios se revelam.

Usando estes três princípios fundamentais como guia, tente passar o dia aplicando-os ao que você vê ao seu redor:

É um estudo de experiências.

Não é o que as pessoas pensam, é como.

É uma observação, não uma opinião.

Veja um exercício simples para começar:

Observe por uma hora inteira um lugar ou um cenário que você conhece intimamente. Anote o que vê em detalhes. Não o que sabe, o que pensa ou sobre o que tem opiniões, mas o que você realmente vê, ouve e até cheira. Poderia facilmente ser a cafeteria local que você conhece bem, mas nunca observou diretamente com disciplina. Conforme observa, pense nestas perguntas: o que significa quando as pessoas "tomam café"? Quanto tempo dura? O que as pessoas fazem quando estão lá? Existem padrões de como elas se encontram, pedem e se acomodam? Elas sempre bebem café quando estão "tomando café" com alguém? Qual é a diferença entre "tomar café" e "tomar uma bebida"? (Muita, eu suspeito, mas descubra.) O que acontece quando elas discordam ou interrompem esses padrões? Quais são as regras não ditas, mas óbvias para todos? Como as pessoas se movem no espaço — lanchonete, cafeteria ou café? O que significa a prática de ficar na fila? O que acontece quando alguém quebra as regras de quem paga, o quão alto fala ou com quem fala? Uma cafeteria é um lugar complexo, com regras, práticas e até mesmo um código moral. O importante não é o que você acha que está acontecendo; o único objetivo é registrar a atividade à sua frente. Preste atenção na realidade à medida que ela se desenrola, não nas suposições sobre ela.

Agora tente algo ainda mais desafiador: observe um mundo importante em sua própria vida. O setor onde você trabalha tem seu próprio conjunto de regras claras, mas indefinidas, compreendidas pela maioria das pessoas e provavelmente por você também. Tente transcrever em um caderno a linguagem que as pessoas usam como se você a estivesse ouvindo pela primeira vez. O linguajar profissional é cheio de termos e expressões idiomáticas especializados que levam tempo para entender e fazem sentido apenas para as pessoas dentro desse mundo. Escreva essas frases e conceitos e as diferenças significativas que as pessoas usam para entender seu mundo. Para o que você sempre reserva um tempo, apesar de tudo o que diz sobre seus valores e hábitos? Quando entra em reunião, quais pessoas você vê primeiro? E por último? Aborde sua vida diária e sua familiaridade como um observador profissional. Pare de ouvir o que as pessoas dizem e preste atenção em como elas se organizam no espaço e no tempo.

Com esses blocos de construção de observação como seu guia, você pode puxar o véu de seu cotidiano. A rotina de reuniões, verificações diárias ou seus relacionamentos familiares em casa estão abertos para sua nova abordagem observacional. Novamente, procure não decidir, mas observar e ouvir.

TRANSFORMANDO OBSERVAÇÕES EM INSIGHTS

Esses três princípios de observação são um suporte para nós à medida que começamos uma exploração mais profunda de como a observação funciona. O que estamos procurando não são apenas observações, mas insights. Uma observação fornece descrição, mas um insight nos dá uma pausa. Todos nós conhecemos o sentimento: é a agitação no estômago quando você pode sentir a presença da verdade. Os insights mudam o que você vê, ouve e percebe. Eles revelam novos mundos para nós. Com uma prática observacional bem desenvolvida, estamos mais bem posicionados para capturar essas visões fugazes, mas preciosas. Na verdade, sem cultivar as habilidades de observação, é impossível até mesmo sentir sua presença. Se não praticamos, não sabemos como prestar atenção.

Qual o próximo passo? Se quisermos que nossas observações vão além da descrição para a revelação, teremos que aumentar os riscos.

A maioria de nós pressupõe que basta abrir os olhos e "ver" as coisas. Mas os melhores observadores exigem que exploremos essa experiência de "ver" e "olhar" com mais rigor. É quando precisamos considerar o contexto com mais precisão. Como é possível olhar ao redor e ver, por exemplo, não apenas uma maçã, mas um pomar de maçãs, com árvores, agricultores e coletores de maçãs? Não vemos uma peça isolada da ressonância magnética, mas um hospital com enfermeiras, médicos e técnicos, uniforme hospitalar e luvas. Não só entendemos o que todos esses inúmeros detalhes significam, mas chegamos ao entendimento em um instante. Avaliar de onde vem a observação criteriosa requer que voltemos à história de origem da observação em si. Precisamos entender o que é a atenção e como a visão e a percepção funcionam em primeiro lugar. Essa história não começa com a ciência da visão. Na verdade, o olho humano tem muito pouco a ver com como e por que as grandes observações acontecem. Em vez de córneas, lentes, hastes e cones, precisamos passar um tempo discutindo a mágica em ação todos os dias na nossa percepção humana.

PARTE UM

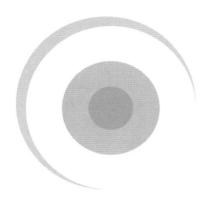

FUNDAMENTOS DA PRÁTICA

APRENDENDO A
NOS VER VENDO

A MÁGICA DA PERCEPÇÃO

Moro na Rua 13, no coração do bairro histórico de Greenwich Village, em Nova York. Em Manhattan, a ação acontece nas ruas, onde caminhar é uma necessidade e um prazer. Ando pela Rua 13 várias vezes por dia, fazendo compras, indo ao metrô e aos parques ao longo do Rio Hudson. Por isso, a Rua 13 deixa uma profunda marca de familiaridade em minha existência. Vejo os mesmos lugares por quase dez anos. Mas o que exatamente eu tenho visto? Como sei o que significa ver a Rua 13? Acontece que essa caminhada em uma terça-feira comum nos dá uma ilustração ideal de nossa experiência perceptiva humana em sua mais alta sofisticação.

Quando saio de meu apartamento indo para o oeste, fecho a porta do prédio e me posiciono para descer o quarteirão. Na minha frente, vejo uma bolha de cores escuras se afastando de mim. Essa bolha é envolta em um tecido ondulado que se move girando de forma aleatória. Ela para e fica assim por um momento, até que, de repente, o tecido se divide e eu vejo rostos humanos dentro dele. Esses rostos se amontoam sobre uma pequena tela branca e irrompem em gargalhadas. Mas antes de eu assimilar qualquer coisa, o que eu vejo são "estudantes de moda". Eles se movem em grupo com seus elegantes casacos abaulados e drapeados graciosamente sobre seus corpos. Estão indo para uma sala de aula na Escola de Design Parsons, que faz parte da New School, no meu quarteirão.

Logo após esses fashionistas, há um bipe e o movimento de algo grande se aproximando por trás. Sem nem registrar um único detalhe — sua forma, seu tamanho ou sua marca —, eu sei que é um caminhão de entrega. Um homem deixa o caminhão ligado e sai da boleia com pressa, saltando graciosamente na calçada. Está carregando várias caixas, e o escapamento do caminhão solta fumaça no ar. Qual a cor do caminhão? Branco ou cinza enlameado? Quem sabe? O que importa para minha percepção não é um tom branco, marrom ou cinza na paleta de cores. O que vejo é a "cor do caminhão". Com isso, quero dizer que percebo que é um caminhão, não porque registro determinada cor ou material na máquina, mas porque vejo essa máquina gigante no contexto de fazer "coisas de caminhão". Eu sei o que os caminhões fazem e o que as pessoas que saem deles fazem, e todo esse conhecimento imediatamente me faz ver o mundo dos caminhões. Como conheço esse mundo muito bem, posso prever a maior parte da atividade nele sem qualquer pensamento ou análise.

Agora, apenas alguns passos adiante, noto cones laranja brilhantes, trabalhadores com coletes e barreiras listradas em um laranja fluorescente que delimitam as áreas da via. Em vez de assimilar todos esses detalhes e percebê-los como elementos separados — é instantâneo —, eu entendo que é um canteiro de obras. Ao meu redor, estão vários equipamentos em diferentes formas e tamanhos, trabalhadores para lá e para cá e marcações misteriosas por toda a via. Nenhuma informação é relevante isoladamente. Na verdade, eu nem conseguiria descrever as máquinas para você. Olhei, mas realmente não as vi. O que vi foi o conceito humano geral de um "canteiro de obras".

Depois de dar só mais alguns passos, o laranja dos cones e os homens de capacete trabalhando ficam para trás e percebo o barulho de veículos, lambretas e grupos de pedestres no final do quarteirão, para onde estou indo. Formas em movimento saem correndo dos carros para atravessar a rua. Há uma confusão de movimento irregular e toques de cor conforme os jovens acenam com indiferença por sobre seus ombros. O vapor sobe do metrô e os flashes de cor ficam obscurecidos atrás das faixas de ar quente golpeando a manhã de inverno.

Essa massa de linhas e pontos agrupados — toda sua complexidade e seu movimento caótico — está repleta de informações contraditórias. Jovens e velhos, frenesi e depois silêncio. Um veículo chega, e uma criança vestida com um arco-íris de cores corre até a porta, desaparecendo atrás dela. Duas adolescentes se movem atrás de um caminhão de entrega e desaparecem, ressurgindo rapidamente do outro lado. Do ponto de vista de um veículo autônomo, toda essa atividade é absolutamente incompreensível. Objetos que aparecem e desaparecem são muito difíceis de prever sem uma compreensão do contexto.

Mas, da perspectiva do ser humano, todo esse movimento incerto não poderia ser mais óbvio. A corrida caótica, os carros indo e vindo, lambretas se aproximando e depois partindo, adolescentes aparecendo e desaparecendo atrás de um caminhão. Até uma criança pode ver clareza nesse caos. É apenas mais um dia na "escola".

A história de como podemos fazer tudo isso, isto é, ver não apenas triângulos e quadrados cor de laranja, mas "canteiro de obras", não começa na Rua 13. Pelo contrário, começa há mais de um século em um café parisiense, onde um grupo de filósofos franceses começou a explorar a ideia de estudar como vivenciamos o mundo em sua mágica cotidiana. Um filósofo em particular se perguntou se seria possível usar um novo rigor observacional para descrever precisamente uma experiência como caminhar pela Rua 13. Como entendemos "escola", "canteiro de obras" e "caminhão"? Como vemos esses mundos de significado, e não os inúmeros detalhes individuais que todos nós encontramos em uma caminhada por qualquer rua movimentada da cidade? Esse filósofo intuiu que a resposta desvendaria na raiz o mistério de como os seres humanos prestam atenção no mundo. Seu nome era Maurice Merleau-Ponty.

....

Certo dia, em 1933, os filósofos Jean-Paul Sartre, Simone de Beauvoir e seu amigo e colega Raymond Aron bebiam em um café na rue du Montparnasse, em Paris. Raymond Aron acabara de chegar da Alemanha, onde tinha ouvido uma palestra do filósofo Edmund Husserl. O filósofo alemão, explicou Aron a seus amigos, procurava uma maneira de trazer a riqueza cotidiana da vida de volta ao discurso filosófico. Seu conceito, a fenomenologia, era sobre remover as abstrações do discurso intelectual de objetos e experiências. Junto de outro filósofo alemão, talvez o maior do século XX, Martin Heidegger, Husserl insistiu em que seus alunos voltassem a atenção para "a coisa em si". Aron pegou um licor de damasco sentado à mesa e lhes disse que a fenomenologia era a filosofia de algo tão comum quanto um coquetel. Em vez de questionar sem parar se podemos realmente saber o que é a verdade, essa nova filosofia focava as descrições de como os fenômenos são vivenciados por nós no nosso cotidiano.

Sartre e Beauvoir logo quiseram aprender mais, então a história continua, e um movimento filosófico teve início. Maurice Merleau-Ponty seguiu com esses escritores e filósofos, e, por fim, todos eles foram apelidados de "existencialistas". Enquanto Beauvoir, Sartre e muitos de seus amigos usavam a fenomenologia para explorar questões como "O que significa ser livre?" e "Como vivemos autenticamente?", Merleau-Ponty fazia uma pergunta que era muito mais original e, ainda assim, muito óbvia: "O que significa vivenciar o mundo de dentro do *corpo* humano?"

Merleau-Ponty fez essa pergunta pela primeira vez em seu livro *Fenomenologia da Percepção*. Ele era professor na Sorbonne e usou seus contatos acadêmicos para percorrer amplamente disciplinas que não se cruzavam de outra forma, da filosofia ao desenvolvimento infantil e à psicologia cognitiva.

Todas essas influências inspiraram Merleau-Ponty a questionar centenas de anos de como pensamos. Começando com Descartes, o conhecimento convencional dizia que encontrar nosso caminho no mundo era uma busca intelectual. Ficamos distantes, Descartes argumentou, observando e analisando o mundo de dentro de nossa própria mente. Os interesses de Merleau-Ponty no desenvolvimento infantil e na psicologia cognitiva o inspiraram a ver com atenção como bebês e crianças pequenas percebem o mundo. Ao observar o comportamento dos bebês, em primeiro lugar sua própria filha, ele pôde ver que eles nunca estavam separados ou distantes de seu mundo. Muito pelo contrário. Os bebês existiam em uma espécie de imersão em seu mundo e nem sequer percebiam o próprio corpo como separado de seus cuidadores. Ninguém jamais sugeriria que o pensamento intelectual e consciente ("Penso, logo existo") era uma descrição precisa da existência de uma criança. Por que, então, isso se aplica ao restante para nós?

Usando as ferramentas da fenomenologia — de novo para descrever diretamente a "coisa em si" —, Merleau-Ponty argumentou que a sensibilidade predominante de toda a filosofia ocidental desde Descartes era uma descrição ruim de como percebemos o mundo. Nosso corpo não está separado do mundo, está enredado nele. Assim como os bebês, existimos em uma relação imersiva com contexto social ao nosso redor. Como estamos no mundo e somos do mundo, ele argumentou, a ideia de mapas mentais ou conhecimento intelectual puro era falsa.

Essa premissa radical — que percebemos o mundo no nível mais básico de nosso corpo, e não de nossa mente — derrubou centenas de anos de pensamento filosófico e tradição. E sua fenomenologia ainda é a base filosófica mais precisa para entender como percebemos o mundo.

Você pode experimentar seu argumento filosófico — a percepção é incorporada, não intelectual — em ilusões de ótica. Veja um exemplo simples, as três linhas retas na ilusão de ótica de Müller-Lyer:

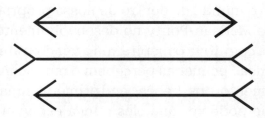

No mundo do conhecimento teórico puro, uma régua mede essas linhas, e elas sempre têm o mesmo comprimento. Objetivamente, isso é sempre verdade. No entanto, no mundo como o vivenciamos, as linhas são claramente desiguais. Percebemos não um campo de visão com cada linha vista isoladamente, mas uma compreensão contextual de todas as três linhas em relação. Assimilamos tanto a figura quanto o fundo, tanto o plano de fundo quanto o primeiro plano. Vemos a totalidade da imagem, e não apenas as partes das três linhas iguais. A ilusão de ótica nos diz que as linhas são desiguais.

Isso é verdade? Por nossa experiência, sim. Merleau--Ponty argumentou em seu trabalho inovador que é onde a realidade existe: em nossa percepção, não na abstração das três linhas iguais em uma régua.

O mesmo acontece na experiência de ver um trem vindo de longe em nossa direção. Você está em uma plataforma, quando o trem se aproxima, e vê um pequeno ponto à distância no horizonte. O ponto não muda muito por um tempo, até que, de repente, troca, e o trem fica muito grande e próximo. Esse fenômeno não é vivenciado como um registro constante do tamanho real do trem, mas o tamanho é mantido constante em nossa experiência antes que mude rapidamente de pequeno para grande. Merleau-Ponty chamou isso de "fenômeno da constância do tamanho". Em nossa experiência, o tamanho do trem (do caminhão ou do avião) é mantido constante até se romper e ter um novo tamanho. Todo o contexto muda de uma só vez, e a transição é abrupta, não suave. É aqui que nossa realidade existe, *na nossa percepção*.

Merleau-Ponty descreveu sua própria experiência de caminhar perto da água em uma cidade. Muito longe, ele podia ver linhas verticais lineares que eram obscuras e indecifráveis. Ele assimilava essas linhas e formas, mas não podia "ver" o que estava lá. Mas quando se aproximava, entendia que as linhas verticais lineares eram os mastros dos barcos. De repente, todo o mundo náutico se abria para ele. Ele se encaixava no lugar. Depois desse estalo, ele não conseguiu voltar a ver linhas aleatórias no horizonte.

A partir disso, podemos dizer que a percepção acontece quando está no contexto das coisas que têm significado e função em nossa vida. Se você fica do lado de fora à noite e ouve sons ao redor, pode ser difícil ouvir se o barulho vem de uma festa ou de um trem passando. Mas quando a buzina do trem soa, a festa desaparece, e você consegue imaginar completamente a cena com vagões de trem, trilhos, velocidade e som. Não é possível deixar de ouvir, assim como os barcos, os mastros e o ambiente náutico não podem ser invisíveis. Pense no que acontece quando você está tentando se lembrar de uma música ou de algumas ideias. Você se frustra esperando que sua memória encontre a lembrança, até que — bum — a primeira linha ou apenas a nota do baixo soa, produzindo uma lembrança completa, e toda a música, melodia e letra reaparecem por inteiro. Como é possível que uma série do que são apenas cores, formas e ondas sonoras possa tornar nosso mundo inteiro significativo, aquele que entendemos e sabemos como operar? Não há mistério, mas é de tirar o fôlego que todos nós possamos fazê-lo.

Se a realidade de nossa existência está em nossa percepção, se está na rápida mudança de um pequeno ponto para um trem enorme ou uma série de linhas que se encaixam no mundo do porto, o que é essa mudança do todo para o todo? E de onde veio? Antes que possamos começar a nos ver vendo, devemos ter consciência de como os "todos" existem em nossa percepção.

Cientistas e artistas inspiraram muitas ideias de Merleau-Ponty. Cada um deles desenvolveu um trabalho inovador que o ajudou a se conectar com uma compreensão mais precisa de como perceber o mundo. Com sua arte e ciência, o fenômeno dos "todos" ganhou seu próprio nome. Hoje o conhecemos melhor como gestalt.

O PRIMEIRO LABORATÓRIO DO OLHAR

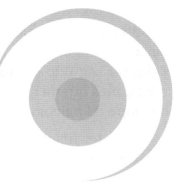

A HISTÓRIA DA GESTALT

1. O CIENTISTA

O ano era 1910. Um estudante de 30 anos chamado Max Wertheimer pegou um trem em Viena com destino à Renânia, no oeste da Alemanha. Embora adulto, Wertheimer se sentia lamentavelmente atrasado nas realizações da vida. Com certeza era hora de crescer e levar a sério sua carreira como psicólogo e acadêmico, mas como? Apesar de um pouco impetuoso, ele tinha muito charme, boa aparência e elogios acadêmicos. Mas ainda dependia financeiramente de sua família — foi seu pai em Praga quem pagou por sua passagem de trem — e, de imediato, não tinha um caminho claro para o próximo passo em sua pesquisa. Apesar de receber honras em seus projetos de psicologia experimental, desde o reconhecimento de letras em pacientes com afasia até as estruturas da lógica que existem na psicologia jurídica, Wertheimer ainda precisava de um tópico para sua "tese de habilitação", o grau avançado pós-doutorado de que ele precisava para garantir uma posição na universidade. Ele poderia ter seguido muitos dos caminhos previamente explorados, mas queria que esse próximo experimento ampliasse o campo da psicologia.

Para ter inspiração, ele abriu um de seus antigos cadernos escritos em Gabelsberger, uma taquigrafia de infância criada por ele mesmo. Lá, viu página após página de figuras geométricas e esboços. Em muitas, tentava analisar quando as figuras geométricas, que existem como partes, se tornam um todo. Por exemplo, quando o esboço de um retângulo com o esboço de um triângulo sobre ele se torna mais do que apenas um desenho dessas partes separadas? Quando vemos essas figuras, quando nossa mente diz *casa*? E o que é essa "casa" que percebemos se não um retângulo e um triângulo?

Quanto mais Wertheimer olhava suas antigas anotações, mais claro ficava para ele a necessidade de elaborar um experimento para revelar essa verdade incontestável sobre a percepção humana. O que a ciência pode nos dizer sobre a mágica de como vemos o mundo?

Dado o estado da pesquisa psicológica aceita na época, Wertheimer sabia que seria um desafio obter financiamento ou apoio de qualquer instituição no campo. Ele não tinha interesse em seus laboratórios — ele e outros da sua idade tendiam a ver qualquer psicólogo experimental que começou a pesquisa antes de 1900 como preso aos modelos mecânicos de Isaac Newton. Max Wertheimer precisaria criar um laboratório totalmente diferente para entender como percebemos não um retângulo e um triângulo, mas uma "casa". Então, decidiu criar o Laboratório do Olhar (Looking Lab).

Wertheimer não estava errado em ser cauteloso com a geração mais velha trabalhando no campo da psicologia em

1910. Embora a psicologia experimental fosse uma disciplina relativamente jovem, já estava nas garras calcificantes de um fisiologista e filósofo alemão chamado Wilhelm Wundt. Em 1879, na Universidade de Leipzig, Wundt iniciou os primeiros experimentos em psicologia, na esperança de estabelecer a disciplina como parte das ciências naturais, ao lado da biologia e da fisiologia. Como tantos cientistas de seu tempo, Wundt era reducionista: ele queria dividir a mente em componentes distintos que pudesse classificar e rotular. Em seus experimentos, ele se propôs a medir como as sensações, ou os estímulos, criavam uma resposta no corpo físico. Afinal, era a ciência, e seu papel era desmontar os aspectos da consciência humana em partes elementares que poderiam ser medidas empiricamente.

Ele começou com uma investigação da velocidade dos processos mentais. O processo mental, argumentou, poderia ser dividido em partes constituintes e, então, medido com um cronômetro. No experimento inaugural do laboratório, Wundt fez os participantes observarem um pêndulo de metal gigante balançando para frente e para trás. Ele mediu a posição real do balanço do pêndulo e comparou-o com a percepção dos participantes sobre a localização do pêndulo. A diferença entre esses dois números, ele hipotetizou, representava a velocidade do pensamento.

Em seu laboratório em Leipzig, que começou com apenas alguns estudantes de pós-graduação e uma sala, Wundt criou uma potência de pesquisadores de doutorado. Em apenas dez anos, conseguiu um bom financiamento do governo alemão e atraiu a atenção de dezenas de estudantes de doutorado, vários deles norte-americanos, para que fossem e realizassem experimentos sob sua orientação. O que se iniciou como uma única sala se transformou em um andar inteiro dedicado a experimentos de estímulo e resposta. Uma dessas salas era referida assustadoramente como "câmara de reação": equipada com eletricidade para que Wundt e seus pesquisadores pudessem usar um aparelho eletromagnético para criar impressões visuais ou auditivas nas pessoas, medindo os tempos de reação em resposta a elas.

Wundt e seus alunos publicaram seus trabalhos de psicologia experimental em 7 volumes e 700 páginas intitulados *Philosophische Studien*. Entre 1875 e 1919, 184 estudantes de doutorado passaram pelo laboratório em Leipzig para estudar com Wundt, e seus assistentes foram para universidades e laboratórios no mundo inteiro, em particular nos EUA e em toda a Europa Oriental, dando continuidade às suas ideias sobre a natureza da mente e da consciência.

Porém, durante seu reinado como "pai da psicologia", começaram a surgir focos de rebelião intelectual. Max Wertheimer se sentiu afortunado por ter desembarcado no refúgio de um desses focos, sob a orientação de seu mentor, o filósofo Carl Stumpf. Stumpf adorava caminhar com boa companhia. Caminhando com seu mentor por trilhas na montanha, Wertheimer descobriu um ouvinte simpático às suas ideias sobre como observar com precisão a consciência humana. Os dois pesquisadores compartilhavam uma linguagem comum por meio da música. Stumpf tocara violino quando criança, bem como cinco outros instrumentos, e ele já havia pensado em se tornar violinista profissional. Ele usou essa compreensão da música para orientar sua abordagem filosófica. O que Stumpf ouvia quando um violinista tocava uma sucessão de notas, por exemplo, não era o que estava sendo estudado no laboratório de Wundt em Leipzig. Se um violinista mudasse todas as notas, mantendo a mesma relação entre elas, os ouvintes reconheceriam a semelhança entre os dois grupos de acordes. Stumpf sabia que as pessoas não percebiam as notas individuais isoladamente;

ouviam a música em conjuntos unificados. Ele começou a incorporar mais música em seu trabalho acadêmico conforme identificava os tons e os intervalos que existem em toda música. Ele chamou esses elementos musicais de "fenômenos" e vinculou seu próprio trabalho em musicologia ao do grupo crescente de filósofos estudando como vivenciamos os fenômenos, ou *fenomenologia*.

Quando Wertheimer procurou o conselho de Stumpf para bons temas de pesquisa, o filósofo mais velho o orientou em um projeto especial que ele estava financiando com seu próprio dinheiro. Era uma coleção das primeiras gravações feitas de músicas e canções antigas do mundo inteiro. As gravações foram capturadas usando a tecnologia dos fonogramas de cilindro de Edison, e Stumpf estava criando um arquivo para guardá-las. Por fim, toda a coleção, abrangendo cerca de 150 mil sons, foi transferida da instituição de pesquisa de Stumpf para a Academia de Música de Berlim.

Nas tardes livres, Wertheimer ia ao arquivo e ouvia seus tesouros. Uma das coleções que ele procurou inúmeras vezes foi a música dos cantores Vedda, o povo do Sri Lanka considerado os habitantes aborígenes da ilha antes do século VI a.C. Os etnomusicólogos identificaram as canções Vedda como algumas das canções de ninar mais antigas da história da humanidade, muitas vezes contendo uma estrutura com três partes. A primeira parte, cantada com melodias e ritmos variados, era um convite retumbante para a criança totalmente acordada fazer a transição para o sono. Era seguida por uma seção mais calma que compelia a criança a ficar relaxada e, finalmente, uma seção de harmonia para manter o bebê dormindo.

Na época, no início do século XX, outros musicólogos que estudavam a música Vedda abordaram essa música "primitiva" como esteticamente inferior às tradições musicais europeias. Por outro lado, Wertheimer se perguntava se a música desses cantores Vedda poderia ser a chave para desvendar os mistérios da consciência que ele buscava. Nas antigas canções Vedda, ele discernia a mesma integridade global que encontrara em seus próprios esboços de "casas" feitas de triângulos e quadrados. A música pode ser simples, mas tinha atributos rítmicos e melódicos rigorosos; tinha suas próprias regras, suas variações e seus motivos. De fato, em um artigo que ele escreveu, Wertheimer argumentou que, mesmo quando suas várias partes mudavam, a música Vedda existia como um "todo".

A análise de Wertheimer da música Vedda inspirou o trabalho de um de seus professores, o filósofo Christian von Ehrenfels. Em 1890, Ehrenfels usou os exemplos de melodia na música e argumentou que a apreciação dela não vem de ouvir tons isolados como Wundt sugerira. Pelo contrário, a melodia é melodia somente quando as notas em sucessão são combinadas de forma significativa. Uma melodia também pode ser transposta para diferentes escalas, mudando completamente os elementos individuais, e ainda ser reconhecida como a mesma melodia. Como sugeriu Ehrenfels, há uma Gestaltqualität presente, algo mais do que apenas as partes.

Era comum na época dizer que o todo era a soma de suas partes, mas o artigo de Ehrenfels sugeria algo mais radical: que o todo era *mais* do que a soma de suas partes, ou seja, as partes mais a qualidade gestalt. No entanto, conforme Wertheimer trabalhou ouvindo a música Vedda, ele passou a entender uma noção que era tão revolucionária que nem sequer tinha certeza de como articulá-la. E se o todo fosse inteiramente diferente de suas partes, não a soma, ou até maior do que as partes? E se o todo existisse em nossa consciência antes das partes? E se tudo isso realmente determinasse o que contava como parte? Não é possível vivenciar o todo primeiro e, mais tarde, preencher as partes? É isso que significa ver a realidade do mundo?

Ao desenvolver seu próprio Laboratório do Olhar, Wertheimer precisou provar que a abordagem psicológica de Wundtian e seu reducionismo eram imprecisos. Seus experimentos tinham que mostrar que não havia uma correspondência ponto por ponto entre as características físicas de um estímulo — pense nas ferramentas eletromagnéticas no laboratório de Wundt em Leipzig — e os atributos psicológicos da sensação resultante. Wertheimer tinha certeza de que não era como nós vivenciávamos o mundo. Mas como mostraria a existência desses "todos", ou a Gestaltqualität, em um experimento?

Os pensamentos de Wertheimer continuavam voltando a uma experiência na qual ele sabia que poderia alcançar precisão científica: a persistência da visão. Por milhares de anos, poetas, artistas e filósofos documentaram o fenômeno da retina retendo imagens mesmo depois que o estímulo desaparecia do campo visual. Aristóteles escreveu sobre a aparência do Sol, mesmo depois de virar as costas para o céu, e, em 165 d.C., Ptolomeu refletiu sobre as cores em uma roda de oleiro que se misturam e a luz distendida que parece se espalhar pelo céu no rastro de uma estrela cadente. Mais recentemente, experimentos inovadores foram feitos, no chamado "movimento aparente", com um ex-professor de psicologia experimental, de Wertheimer, Sigmund Exner. Exner pediu aos participantes para olharem duas faíscas elétricas espacialmente separadas e sucessivas. Ele descobriu que os participantes podiam identificar as faíscas como dois fenômenos separados somente quando os intervalos eram maiores que 0,045 segundo. Quando ele mudava o experimento e aproximava as faíscas elétricas, os participantes relatavam uma experiência de movimento como a de uma luz estroboscópica, com a faísca se movendo do primeiro ponto para o segundo. Seguindo os ensinamentos de Wundt, Exner concluiu que o fenômeno sensorial era explicado apenas pelos movimentos oculares.

"Mas não está certo", pensou Wertheimer. Os resultados não ocorreram por causa dos movimentos dos olhos. Algo ficou claro para Wertheimer. Os resultados ocorreram, ele percebeu, por causa de nosso processo perceptivo dinâmico.

Quando o maquinista do trem gritou "Frankfurt am Main", Wertheimer pulou sem pensar. O que ele precisava era de uma maneira de provar que os fenômenos que ocorrem em movimento aparente não têm nada a ver com os movimentos dos olhos, mas com nosso aparelho perceptivo, com a experiência do movimento ocorrendo como um todo e determinando as partes da sensação ou do estímulo. Se ele pudesse encontrar uma maneira de medir isso e capturar cientificamente os resultados, poderia acabar mostrando que o fenômeno do movimento é um todo que entendemos com nossa percepção, e não com nossos olhos.

Quando desceu do trem, ele se dirigiu imediatamente para o mercado. Precisava de uma ferramenta que forçasse nossa constância de tamanho e movimento em repouso absoluto. Um zootrópio serviria. Esse brinquedo infantil popular tinha um cilindro interno com uma série de fotos e um cilindro externo com fendas de visualização. Quando as crianças giravam o cilindro interno e olhavam as imagens pelas fendas, tinham a experiência de ver as imagens em movimento contínuo. Wertheimer tinha crescido com esses brinquedos e os adorava quando criança. Na Inglaterra, a London Stereoscopic and Photographic Company vendeu milhares de modelos de zootrópio — ou roda da vida —, e foi o primeiro modelo que Wertheimer encontrou nos mercados de Frankfurt.

Ele correu com o brinquedo para um quarto de hotel e sentou-se na cama. Quando começou a girá-lo nas mãos, as fendas nos tubos fizeram com que as inúmeras imagens de um homem quicando uma bola nos pés parecesse se mover. Apenas alguns segundos antes, os desenhos eram estáticos e, agora, estavam diante dele em movimento dinâmico. No entanto, ele pensou com uma empolgação crescente, era claro que não se moviam em um sentido científico. No contexto do laboratório de Wundt, essas imagens eram estáticas, mas ele as vivenciava como móveis. Aqui, diante dele, havia um experimento que demonstrava claramente a imprecisão da hipótese de constância, e tudo contido em um brinquedo de criança. Agora ele precisava de uma maneira de provar que o movimento era um fenômeno em si, ocorrendo como um todo, e não apenas resultado dos movimentos dos olhos.

Wertheimer estava tão animado com a possibilidade de experimentar o zootrópio que nem sequer tentou voltar para Viena ou Berlim. Em vez disso, procurou um laboratório em Frankfurt. Um ex-professor lhe deu espaço em seus laboratórios na Academia de Frankfurt e apresentou Wertheimer a um de seus assistentes mais promissores, Wolfgang Köhler.

Como Wertheimer, Köhler se interessava por psicologia experimental e física. Ele causou uma forte impressão imediata em Wertheimer, como acontecia com todos que encontrava. Com suas bochechas marcadas e testa alta, ele comandava a sala com grande formalidade. Havia rumores sobre ele, e os estudantes em Frankfurt especulavam que era membro da nobreza. Wertheimer estava menos interessado nas fofocas sobre a linhagem de Köhler e mais em sua dedicação à psicologia experimental. Köhler aprendeu física com o proeminente Max Planck e, como Wertheimer, fez seu doutorado em 1909 com Carl Stumpf.

Quando se conheceram, os dois logo se conectaram quanto às suas últimas descobertas. Köhler trabalhava em experimentos acústicos, colocando um pequeno espelho no tímpano. No reflexo desse espelho, um feixe de luz poderia gravar os movimentos em seu tímpano enquanto registrava os sons. Wertheimer compartilhou as notas que vinha reunindo havia anos sobre a existência dos "todos" em nossa percepção. "Eu tive a sensação de que [seu] trabalho poderia transformar a psicologia", escreveu Köhler após conhecer Wertheimer. "Ele observou fenômenos importantes, independentemente das modas da época, e tentou descobrir o que eles significavam."

Apesar da dinâmica dessas primeiras discussões, Wertheimer intuiu que ainda não era hora de compartilhar suas esperanças de um experimento mais rigoroso explorando o movimento aparente. Motivo: queria que Köhler se juntasse a ele como um de seus observadores.

Nos primeiros estudos de psicologia experimental, era comum recrutar pessoas que também eram pesquisadores, e os tamanhos da amostra eram quase sempre pequenos. Isso se devia ao fato de que os fenômenos nos quais os psicólogos experimentais estavam interessados em isolar e testar apareciam de forma espontânea em cada indivíduo, independentemente de seu temperamento ou treinamento. Todos eram simplesmente aspectos do ser humano.

Köhler logo reconheceu em Wertheimer um espírito semelhante e o apresentou a outro assistente na universidade em Frankfurt, Kurt Koffka. Como Köhler e Wertheimer, Koffka estudou com Stumpf, e sua dissertação foi sobre imagens e pensamento. Ele não tinha a força intelectual convincente de Wertheimer nem o charme aristocrático de Köhler, mas era um cientista trabalhador e um escritor produtivo.

Com as capacidades intelectuais dos três agora combinadas em uma conversa colaborativa, Wertheimer sabia que era hora de iniciar seu experimento. Embora tenha chegado pela primeira vez à universidade com uma mala contendo um estroboscópio primitivo, um instrumento usado para fazer objetos ciclicamente em movimento parecerem se mover mais lentamente ou permanecer estacionários, Wertheimer teve acesso a um instrumento que era muito mais versátil e útil para seus propósitos: um taquistoscópio. Ao passo que o estroboscópio apresentava estímulos ocorrendo continuamente, o taquistoscópio podia projetar um feixe de luz e, então, com intervalos precisos de frações de segundo, interromper a projeção. No final de 1910, Wertheimer pediu que Köhler e Koffka, bem como a esposa de Koffka, Mira Klein, fossem observadores em um misterioso experimento que ele estava realizando.

Cada um participou separadamente em uma das salas da universidade. Wertheimer pegou seu taquistoscópio e projetou figuras simples diante dos participantes: uma linha, uma curva ou as letras a ou b. Ele descobriu que se piscasse uma imagem, digamos, a letra a, e esperasse um intervalo de cerca de 30 milissegundos ou menos para piscar a próxima, a letra b, os participantes relatavam que a e b pareciam presentes ao mesmo tempo. Mas quando fazia um intervalo mais longo na projeção das duas imagens, 200 milissegundos ou mais, as pessoas relatavam que as duas pareciam piscar em clara sucessão. Quando ele encontrou um intervalo intermediário, no entanto, um incremento de tempo em cerca de 60 milissegundos, os participantes perceberam que uma das imagens se movia de uma posição para a outra. Eles paravam de ver a e b como imagens separadas e viam apenas uma delas em movimento.

Wertheimer ficou fascinado com a presença desse fenômeno — o "movimento puro" que conectava as imagens, mas não tinha relação com nenhum objeto na realidade. Seus observadores relataram que perceberam movimento sem realmente olhar para nada. Não havia nenhuma imagem sendo projetada fora do taquistoscópio. O que eles estavam vendo?

Wertheimer chamou isso de "pi", usando a letra grega para simbolizar o fenômeno. Em seu experimento, ele notou a presença distinta da percepção do movimento sem um objeto objetivamente em movimento. Decidiu chamar isso de "pi puro".

Ao insistir na existência do pi puro, Wertheimer estava finalmente rompendo com Wundt e seus assistentes. Ele identificou, em um experimento superior e rigoroso, que havia a presença de um fenômeno, do "pi puro", sem qualquer estímulo presente. O movimento existia na percepção sem um objeto em movimento.

A descoberta não foi pioneira: psicólogos experimentais haviam identificado essa ocorrência em experimentos anteriores. O que foi revolucionário sobre o aparente estudo do movimento era a coesão da análise de Wertheimer. Ele identificou a presença de um todo: o fenômeno do movimento antes e até mesmo totalmente separado de qualquer objeto em movimento real. Era um modelo completamente novo e dinâmico de percepção. Com a introdução do "movimento pi", Wertheimer iniciou uma análise da percepção baseada em parte na fisiologia. É isso que significa perceber, não como a cabeça abstrata de Descartes, mas a partir de um corpo.

Wertheimer reuniu Köhler e Koffka para lhes contar sobre os resultados de seu experimento. Isso mudou tudo para os três cientistas que originaram a teoria da gestalt. Como Kurt Koffka escreveria mais tarde em 1915, "[Os todos] não são de modo algum menos imediatos do que suas partes; na verdade, muitas vezes, se aprende um todo antes que qualquer coisa a respeito de suas partes seja aprendida". Agora Wertheimer podia de fato argumentar que nossa percepção da gestalt do movimento pi puro precede nossa percepção das letras a ou b, e, até mesmo, determina se registramos vê-las ou não.

O reinado da abordagem reducionista de Wundt na psicologia se despedaçou. Foi nada menos que uma nova maneira de entender a consciência humana.

2. O ARTISTA

Naquele mesmo ano, no meio da Europa, Virginia Woolf participou de uma exposição de arte na Grafton Galleries, em Londres, organizada por seu amigo Roger Fry, e refletiu sobre isso escrevendo: "Por volta de dezembro de 1910, o caráter humano mudou". A exposição agora é conhecida como o nascimento do pós-impressionismo, e a curadoria foi para apresentar ao público britânico o trabalho de pintores como Vincent van Gogh e Paul Gauguin, bem como Vanessa Bell, irmã de Virginia Woolf. Mas nenhum outro pintor na exposição foi mais responsável por destruir a compreensão da consciência humana de Virginia Woolf do que Paul Cézanne.

Cézanne morreu em 1906, quatro anos antes da exposição, então ele não sabia nada dos estudos de movimento aparente de Wertheimer, mas os dois inovadores buscavam uma compreensão mais precisa da percepção, um com o laboratório, e o outro com a tela. Como artista, Cézanne não sofreu com a tirania das ideias de Wundt sobre percepção. No entanto, tinha seus próprios opressores estéticos a quem combater.

Era 15 de abril de 1874, e um grupo de pintores e escultores de vanguarda indisciplinados estava reunido no estúdio do escultor Gaspard Nadar no boulevard des Capucines, em Paris. Um dos pintores, um jovem impetuoso vestindo calças elegantemente cortadas do melhor alfaiate de Paris, levantou-se para falar.

Era chegada a hora, ele desafiou seus colegas artistas, de ficar diante do júri no famoso Salão de Paris. Quase todos na sala sentiam a rejeição do júri e de seus gostos convencionais e acadêmicos. O que o Salão quer, o jovem pintor gritou de indignação, é mera precisão e verossimilhança. O Salão quer apenas os clichês dos velhos mestres, cada vez mais versões de Ernest Meissonier.

O grupo de artistas suspirou. Meissonier de novo não — todos na sala foram submetidos à tirania desse pintor classicista francês, o queridinho da alta classe, famoso por seus retratos de Napoleão e triunfos militares. O Salão está preso no passado, gritou o jovem pintor acima do barulho de seus colegas artistas. O júri só investe em recriar a vida como vista antes. Queremos a vida como ela realmente é.

Esse pintor, um jovem baixo e impetuoso chamado Claude Monet, não veio das classes altas. Seu pai era lojista e comerciante em Le Havre. Se não fosse por sua obsessão pela pintura, ele nem estaria naquele estúdio. Estaria vendendo farinha e grãos atrás do balcão da loja de seu pai. No entanto, Monet estava confiante o suficiente de seus talentos e tinha uma ambição obsessiva por evitar o Salão. Naquela noite, ele e seus colegas artistas mostrariam seu trabalho publicamente pela primeira vez, cada obra em desafio direto ao Salão e sua estética limitante. Monet queria capturar não a verossimilhança, mas a qualidade efêmera da luz como ela se mostra em nosso cotidiano.

Na sala, ele foi acompanhado por artistas como Pierre--Auguste Renoir, Alfred Sisley, Berthe Morisot e Camille

Pissarro. Eles se denominavam Société anonyme des artistes, peintres, sculpteurs, graveurs etc. Apenas um de seus colegas, Édouard Manet, já havia sido aceito pelo Salão — em 1873, por sua pintura mais convencional Le bon bock. Todos eram considerados dissidentes do círculo interno do mundo das artes em Paris na época.

Monet imaginou estar na vanguarda de um movimento inteiramente novo na arte: uma forma de pintura que parecia inacabada ao olhar convencional. De muitas maneiras, ele não estava errado. Os trinta artistas em exposição naquela noite exploravam formas inteiramente novas de representar a realidade na pintura.

Mas o que Monet estava apenas começando a perceber era que havia outro pintor dentro de seu grupo que era muito mais radical, mais moderno, enfim, mais sintonizado com a forma como realmente percebemos o mundo ao nosso redor. Se Monet se associou ao movimento da pintura que afastou o mundo das artes das restrições dos antigos mestres adotando as impressões da efemeridade da luz, Paul Cézanne, o artista rude e socialmente recluso da Provença, era o pintor que forçou a arte ao seu limite. Enquanto as pinturas de Claude Monet nos mostravam que a visão poderia estar em nossa mente, a arte de Paul Cézanne nos obrigava a reconhecer o que realmente é ver.

Quando a exposição abriu naquela primeira noite em 1874, a grande imprensa parisiense zombou de todos os artistas e de seus esforços. O humorista Louis Leroy, um crítico de Le Charivari, zombou do uso da palavra impressão por Monet e descreveu seu trabalho como semelhante a "papel de parede em seu estado embrionário". Porém, nenhum artista foi tão desprezado quanto Cézanne. Críticos e visitantes da galeria chamaram sua assinatura com pinceladas grossas — les touches et les taches — de trabalho de um louco. Édouard Manet, ao saber que Pissarro convidara Cézanne para participar da exposição, retirou seu próprio trabalho. Ele se recusou a mostrar suas pinturas ao lado de Cézanne, um artista que ele descreveu como um "pedreiro pintando com sua espátula".

Diferente de Manet, os outros artistas do grupo viam Cézanne como um deles, porque todos queriam capturar a realidade como ela é vivenciada através da luz. Os lírios d'água de Monet, por exemplo, nos mostram os efeitos momentâneos da luz e do reflexo na água. Ao focar algo tão comum como uma flor de lagoa, não um senhor aristocrático ou uma batalha histórica, Monet e seus companheiros impressionistas mostravam ao mundo que a arte existe ao nosso redor, nas circunstâncias mais cotidianas. A maneira de capturar essa realidade, eles argumentaram, foi por meio da sintonia de como vemos a luz.

Certamente essa ideia causou uma ruptura radical no Salão, mas ainda permanecia presa aos conceitos filosóficos do passado. Por isso, mesmo antes da exposição de 15 de abril, Cézanne ficava cada vez mais frustrado com os impressionistas. A obsessão de Monet por manchas de luz não era tão diferente do trabalho que acontecia no laboratório de Wundt em Leipzig — uma fixação por reduzir toda a percepção a impressões sensoriais. Há tempos Cézanne desejava capturar algo mais permanente e essencial sobre o mundo em suas pinturas. O que existe na essência do que vemos?, ele se perguntava. Não apenas em um momento de luz na água, mas no ato real de ver. "Você deve pensar que", ele escreveu, "o olho não é suficiente, ele precisa pensar também". Sem nunca ter conhecido Max Wertheimer, Cézanne fazia as mesmas perguntas em suas anotações. Será que realmente percebemos toda e qualquer mancha de luz na água? Não. Insistir no contrário é ser seduzido por uma presunção intelectual. É semelhante a dizer que vemos a cor, a textura ou as manchas de luz na cadeira, em vez de ver, aparentemente em um instante, a "cadeira". Cézanne queria acabar com esses equívocos. Queria ir além da pintura de objetos e pintar como vivenciamos esses objetos.

Enquanto Monet continuava a pintar suas paisagens na cidade de Giverny, trabalhando em diferentes partes de cada pintura por seções, Cézanne começou a desenvolver uma abordagem radicalmente diferente. Primeiro, antes mesmo de começar a pintar, ele estudava o tema em profundidade. Ele aprendeu a prestar atenção na experiência inteira: "ler" o tema e entender sua essência. Então, após esse período de observação e atenção, trabalhava para representar na tela o que estava vendo. Essas observações não eram sobre reprodução ou imitação. Nesse ato de ver, argumentou Cézanne, o pintor inevitavelmente traz a subjetividade. Afinal, não somos câmeras. "Não devemos ficar satisfeitos com o rigor da realidade", disse ele aos amigos. "O processo de reforma que um pintor realiza como resultado de sua própria maneira pessoal de ver as coisas dá um novo interesse à representação da natureza. Como pintor, ele está revelando algo que ninguém nunca viu antes e traduzindo-o nos conceitos absolutos da pintura."

....

Quando a exposição de 15 de abril fechou, um mês depois, foi considerada, por quase todos os relatos, um fracasso. Embora alguns artistas tenham vendido obras — Cézanne até vendeu uma de suas pinturas —, todos deviam dinheiro quando levaram suas telas para casa. A crítica parisiense, com sua ordem vigente, ainda não estava convencida do imperativo estético desse novo grupo, e o cenário da moda em Paris achou o trabalho dos impressionistas desfocado e inacabado, preguiçoso e, para alguns, simplesmente ruim.

Paul Cézanne recorreu ao seu pai banqueiro em Provença para sair do buraco financeiro. Embora seu trabalho tenha sido quase uniformemente criticado, ele não vacilou no compromisso cada vez mais intenso com sua visão. Ele acabou se afastando ainda mais de qualquer tipo de representação de profundidade tridimensional. Monet e seus colegas impressionistas também rejeitavam esse ponto de vista tridimensional, mas ainda usavam uma perspectiva superior. As formas em suas pinturas — pontes, igrejas ou lírios-d'água — parecem desfocadas e difíceis de ver, como se estivessem à distância.

Essa perspectiva superior, aparentemente em contraste com a abordagem tridimensional tão reverenciada pelo Salão e pelos antigos mestres, era uma falácia intelectual. Como Wertheimer, Cézanne sentiu-se compelido a criticar a mesma "hipótese de constância" de uma relação linear entre impressões sensoriais e nossa compreensão delas.

Considere mais uma vez nossa percepção do trem que se aproxima. Se Cézanne o representasse, ele poderia optar por pintar o pequeno ponto distante nos trilhos ou a troca para um trem muito grande e próximo. Se pintasse um trem entre essas duas gestalts — um registro constante do tamanho real do trem —, ele não seria um artista, mas uma câmera. Sua perspectiva, o ser humano no ato de perceber, era a realidade. Sem sua subjetividade, o registro do trem permaneceria como linhas iguais na ilusão de ótica de Müller-Lyer. Seria uma pintura objetivamente verdadeira e, ainda assim, uma experiência humana falsa. Isso — uma pintura composta de falsidade, convenção e clichê — Paul Cézanne não podia tolerar.

À medida que sua visão artística ficava mais específica, ele buscou novas técnicas para expressá-la, voltando sua atenção para a paisagem de sua casa de infância, Aix-en-Provence. Em uma ruptura completa com Monet e outros impressionistas, ele acabou com as representações da luz, ou seja, sombras e fontes de luz foram completamente ignoradas. Em vez disso, a luz é a mesma nas pinturas posteriores; quase parece vir de dentro dos próprios objetos. Por fim, ele abandonou qualquer tentativa de ilusão ou naturalismo. Na década de 1890, de repente focou sua atenção na Montanha Sainte-Victoire, perto de sua casa, pintando-a mais de 70 vezes. Em cada pintura, ele nos dá uma visão à beira do incompreensível. Assim como Merleau-Ponty viu linhas e formas no horizonte antes de chegar à gestalt do "porto", Cézanne nos dá apenas a organização mais inicial de linhas e pontos que se encaixam na experiência de "montanha". Chegamos a uma compreensão do todo e depois preenchemos as partes, sendo elas claras, coloridas ou com textura. Na verdade, o todo da "montanha" determina o que conta como parte.

Embora tenha levado décadas até Max Wertheimer e seus colaboradores provarem que o todo do movimento existe em nosso aparelho perceptivo, Cézanne descrevia o mesmo fenômeno: como prestamos atenção. Enquanto Monet e seus contemporâneos continuavam pintando uma ideia sobre a luz, Cézanne capturou como preenchemos uma parte como luz somente depois de perceber o todo. Quando olhamos cada uma de suas montanhas, experimentamos uma mudança gestáltica dentro de nós mesmos. A mágica acontece no momento entre a incoerência e a "montanha". Dessa forma, a arte passa de farsa na tela para uma experiência dentro do corpo. Nós a carregamos conosco todos os dias.

Tanto Wertheimer quanto as pinturas de Cézanne nos mostram como ver a percepção humana em ação. No entanto, um cientista e um artista não foram suficientes para mudar a descrição da percepção herdada, mas imprecisa, de nossa cultura. Foi preciso a filosofia de Merleau-Ponty para nos mostrar o que tudo isso significa. Como entendemos a partir do que vemos? Quando o mundo se une a nós e por quê? Como vemos as outras pessoas?

Em seu trabalho, Merleau-Ponty define o cenário com a nossa percepção de gestalts e usa essa estrutura para chamar a atenção para como encontramos nosso caminho no mundo. Os filósofos tradicionais de sua época argumentavam que ver era perceber as partes dos dados sensoriais. Esses dados consistiam em partes distintas de dados brutos que, então, eram processados por nossa retina ou tímpano. A experiência de ver uma cadeira começava com o processamento da cor, da luz, da forma, do tamanho e da largura do objeto diante de nós. Somente após tudo isso ser percebido, poderíamos finalmente chegar ao entendimento de uma cadeira.

Merleau-Ponty ficou impaciente com essa descrição. Ele argumentou que era simplesmente uma descrição ruim de como chegamos ao entendimento de cadeira. Por mais que ele se incomodasse com essa abordagem, havia outro grupo de filósofos que o incomodava ainda mais: eles descreviam o processo de ver como dados sensoriais que entram na mente e depois são processados em categorias. Se você vê uma cadeira, já tem "cadeiras" colocadas em categorias de espaço, tempo e talvez até móveis. Portanto, os dados sensoriais entram em uma espécie de fábrica algorítmica — se isso, então aquilo —, com categorias cada vez mais granulares, até serem reduzidas à categoria mais provável que resta: uma cadeira.

Os primeiros movimentos da inteligência artificial, nas décadas de 1960 e 1970, usaram esses conceitos filosóficos de categorias de pensamento para programar protótipos de robôs. Um robô acessa um braço para tocar um objeto que ele percebe. Qual é o objeto? Observe os pontos de dados (altura, forma e cor). Use esses pontos para combinar com uma categoria predefinida (mobília), depois use essa categoria para reduzir as possibilidades até chegar ao resultado mais provável: cadeiras.

Merleau-Ponty entendeu que, embora ambos os grupos filosóficos tivessem ideias úteis sobre os mecanismos da visão, eles não revelavam nada sobre nossa experiência humana da percepção. O que realmente vemos não é um reflexo direto do que existe no mundo da realidade ao nosso redor. A percepção acontece dentro de nós; mudamos o que vemos para refletir quem e onde estamos no mundo. Habitamos um mundo de significado, ele nos diz, em vez de existir em um mundo feito de impressões sensoriais sem sentido. Esse significado existe em todos os lugares ao nosso redor: em nossas mesas de jantar, no aço, no concreto e na madeira de nossos edifícios, dentro de nossos escritórios, de nossas escolas e em todas as ruas. Não está em categorias ou pontos de dados, mas no todo. E não podemos "ver", porque está bem debaixo do nosso nariz. Assim como as crianças que ele estudou, todos nós vivenciamos o mundo de dentro dele.

Não é mais preciso, argumentou, dizer que todos nós entendemos o que as coisas são e qual significado elas têm por meio do nosso contexto social compartilhado? Sabemos que as cadeiras são colocadas normalmente em torno das mesas e, se vemos uma mesa na sala de jantar com objetos em volta, a tendência é supor que são "cadeiras". Cadeiras são para se sentar e estão conectadas aos mundos de mesas, reuniões, jantares, leitura, escrita etc. Elas têm significado para nós, e esse *significado* é a primeira coisa que vemos quando olhamos uma cadeira. Claro, ele admite, também assimilamos os dados sensoriais brutos através de nossa retina, de nossos tímpanos e de outros órgãos dos sentidos. Talvez, se vivêssemos em uma cultura que nunca usou cadeiras, tivéssemos de passar por algo mais parecido com um processo de observação da ciência natural. Mas é raro. Vemos uma cadeira na nossa frente porque sabemos para que serve. *Percebemos* gestalts significativas, ou o todo organizado, não dados vazios sem sentido em partes.

E não é extraordinário, perguntou ele, que possamos prestar atenção às partes sem deixar de ver o todo? Que possamos analisar a imagem sem nunca perder a consciência do fundo? Ele pega alguns de seus antecessores mais emblemáticos, filósofos como Immanuel Kant e David Hume, e usa a prática da fenomenologia para argumentar que eles entenderam atenção e percepção errado. Quando pego um copo, como sei como colocá-lo na mesa? Quando vejo um triângulo, por que vejo um triângulo, e não um conjunto de linhas e, depois, um triângulo? Quando ouço uma canção, por que ouço a melodia dela, e não ondas sonoras e acordes simples? Em nossa experiência de percepção, observou Merleau-Ponty, o todo ou a soma chega antes das partes e determina quais partes percebemos. Por exemplo, vemos um prato de tamales quentes na mesa de uma família e entendemos que ele tem significado como um prato de Natal. Podemos prestar atenção nos detalhes, como o cheiro da carne de porco e a visão das pimentas, mas esses detalhes não são distintos nem desvinculados. Ao contrário, servem para enriquecer nossa compreensão empática de todo o mundo social: é Natal e a família está comemorando junto com uma refeição. Os tamales fazem parte de uma prática contextual de festas e comemorações, com a vovó contando histórias e o cheiro de madeira no fogo. É isso que torna extraordinária nossa atenção e percepção:

podemos estudar detalhes em todas as escalas e ainda nos apegar ao todo, a gestalt que dá coerência a cada contexto.

Um dos exercícios mentais favoritos de Merleau-Ponty para refletir era a maravilha de olhar pelo buraco da fechadura. Primeiro, a percepção humana pode entender sua relação com o mundo como ele existe através daquele pequeno buraco na porta. Nossa percepção nos permite ver dentro do mundo oculto e entendê-lo no espaço como um lugar de vastidão, apesar das limitações do buraco da fechadura. Então, por milagre, conseguimos voltar de imediato à nossa experiência de vida em um corpo de tamanho real. Essa flexibilidade hábil da atenção é pura mágica. Isso nos ajuda a apreciar a sofisticação de como prestamos atenção no mundo.

É uma atenção envolvida, não separada. Não estamos olhando o mundo como se fosse pela lente de um microscópio ou pela janela de um laboratório, mas olhando através dele, dentro dele, de dentro dele. Foi esse avanço filosófico que sintetizou o rigor científico dos teóricos da gestalt com a clareza artística da abordagem de Cézanne. Não há "mundo" e "nós"; só há nós de dentro do mundo.

Os argumentos de Merleau-Ponty sobre percepção romperam o mundo filosófico. Quando trazemos uma maior consciência de como nos vemos vendo, isso nos dá nossa primeira experiência do que ele está descrevendo. Nós, seres humanos, nos movemos em um mundo de significado compartilhado, e esses "todos", ou gestalts, compõem o tecido imersivo de nossos contextos sociais.

Palavras como *mundos* e *conhecimento social* podem parecer muito vagas no abstrato, e estou sempre procurando meios de encontrar uma maior consciência dessas gestalts perceptivas. Para nossa sorte, há artistas visuais magistrais que podem nos fazer mergulhar na experiência da filosofia de Merleau-Ponty em tempo e espaço tridimensionais. Embora muitos de nós não tenhamos acesso a laboratórios repletos de taquistoscópios ou dezenas de pinturas explorando a mesma montanha no sul da França, cada um pode sair e ver a si mesmo vendo. Acontece que há Laboratórios do Olhar ao nosso redor. Só precisamos sair e encontrá-los.

TRÊS ARTISTAS

COMO VER ALÉM DA CONVENÇÃO E DO CLICHÊ

O despertador soou às 4h da manhã no meu quarto de hotel em Austin, Texas. Eu tinha cerca de uma hora para sair da cama e ir para o *campus* da Universidade do Texas. Lá, no telhado do novo centro reluzente de atividades estudantis da universidade, estava uma obra do artista da luz James Turrell. A instalação, chamada *The Color Inside*, era ilusoriamente simples. Era uma pequena estrutura branca com abertura para uma porta e assentos de ripas de madeira revestindo os três lados do interior. Mas, em vez de telhado, Turrell construiu um óculo, uma janela de visualização circular, passando a experiência de céu em contato direto com os visitantes. A arte não era a estrutura nem a forma do óculo: Turrell não tinha moldura ou qualquer ponto focal em si. Ele me pedia para mergulhar na experiência da luz, mas era apenas o convite inicial. Em sua essência, seu trabalho me forçava a trazer consciência para minha percepção. E essa consciência é a base de todas as grandes observações.

Cheguei ao óculo quando o mundo parecia pesado, úmido e escuro — ainda não eram 5h da manhã, muito antes do nascer do sol. Sentei-me no banco de madeira dentro da estrutura e encostei minha cabeça na parede. Assim, me acomodei e olhei para cima. Nessa posição, podia ver o céu escuro através do óculo. Quando olhei para cima, parecia que a sala tinha puxado o céu para baixo, formando o teto. As estrelas na noite escura pareciam muito próximas, quase uma pintura. Mas eu senti outra luz no cômodo também. Turrell ajustou sutilmente as cores que apareciam ao redor do óculo por meio de um design de iluminação cuidadosamente pensado. O tempo passou. O roxo escuro da noite deu lugar a... o quê? Um amarelo fraco? A luz ao redor do óculo também mudou. O céu estava ficando laranja? Ao redor da oval do óculo, novas cores começaram a se formar diante de meus olhos. Era uma experiência de movimento, mas eu não estava me movendo. O que estava acontecendo?

Através do óculo, o céu parecia estar se aproximando de meu corpo, quase como pressionando. Mas então um pássaro passou voando pelo óculo. Tudo mudou de repente, e percebi o céu como estando muito longe.

Essas mudanças eram as mesmas "gestalts" que Wertheimer investigou em seu Laboratório do Olhar em Frankfurt. Mas ao contrário dos experimentos que aconteceram mais de um século antes, o Skyspace de Turrell nos convida para um laboratório moderno de percepção. Quando olhamos pelo óculo, nosso cérebro percebe um todo e, em seguida, preenche a informação visual ausente ou ambígua com nossos próprios mapas do mundo. Quando percebi o movimento do pássaro, meu sistema nervoso não registrou os estímulos como dados distintos. Ao contrário, minha experiência perceptiva mudou imediatamente de um todo (o céu tão perto quanto o teto) para outro todo: o céu distante.

Saí da pequena estrutura de visualização de Turrell para vivenciar o amanhecer como normalmente o via e sentia. Esse "amanhecer" me tranquilizou com sua familiaridade; sua névoa em tons rosa e amarelo era exatamente o que eu esperava. Eu podia parar o exaustivo processo de *ver* e voltar para o piloto automático da percepção. É como tendemos a sentir nossa vida diária, nesses sulcos habituais de familiaridade. Ah, isso mesmo: "o amanhecer". Mas assim que voltei à instalação de óculo de Turrell, todo meu corpo ficou confuso. Certamente aquela não era nenhuma compreensão do amanhecer como as que eu tinha experimentado antes. Isso me fez perguntar: qual é a convenção de "amanhecer" e qual é a realidade do "amanhecer"? Ao manipular a visualização através do óculo com algo tão simples como luzes de LED, Turrell mudou todo o contexto do que eu conheço como céu.

Embora James Turrell tenha começado a fazer suas instalações de luz em Los Angeles na década de 1960, seu interesse pela percepção começou quando aluno. Estudando psicologia perceptiva, no Pomona College, ele descobriu a *Fenomenologia da Percepção* de Merleau-Ponty, e isso capturou sua imaginação. Turrell era um Quaker nascido na Califórnia e um protestante consciente da Guerra do Vietnã, sentindo afinidade por esse acadêmico e escritor de esquerda. Isso porque Merleau-Ponty entendia que o que vemos não é um reflexo direto do que está no mundo da realidade ao nosso redor. A percepção não acontece apenas dentro de nós; mudamos o que vemos para refletir quem e onde estamos no mundo.

O uso da luz e da cor por Turrell no Skyspace me leva a uma exploração incorporada da filosofia de Merleau-Ponty.

Sem percepção, não existe tal coisa como cor. As ondas de luz são incolores até o momento em que atingem nosso corpo através de nossos olhos e de nosso cérebro. Uma paleta de cores com um vermelho em particular será completamente diferente quando esse vermelho estiver em uma Ferrari ou na bandeira norte-americana. No entanto, se a paleta é a mesma, por que vivenciamos esse vermelho de maneiras tão profundamente diferentes?

Olhe ao redor de onde você está sentado agora. Preste atenção em como vivencia as cores que vê. Você já considerou o fato de que suas suposições iniciais sobre cor não são apenas convencionais, mas claramente falsas? Se quisermos ter uma descrição mais precisa de nossos encontros com a cor, devemos ir além dos clichês fáceis, por exemplo, o céu é azul ou a grama é verde. Precisamos testar nossa própria percepção no processo.

Por sorte, eu sabia exatamente qual artista possibilitaria esse tipo de Laboratório do Olhar.

....

Quando combinei de encontrar Seth Cameron para vivenciar suas pinturas pessoalmente, não fui a um ateliê de pintura nem a um loft de teto alto. Pelo contrário, toquei a campainha em um espaço que até recentemente tinha sido o lar de uma instituição muito amada de Manhattan, o Children's Museum of the Arts (CMA). Além de ser um artista aclamado em Nova York, Seth também é um educador de arte altamente respeitado: em 2020, foi nomeado diretor executivo do CMA. Conforme passávamos pelas caixas móveis e desmontávamos as exposições de mais de uma década de experimentação feliz das crianças nas artes, Seth explicou que o museu estava se mudando para alguns quarteirões de distância, com um foco renovado nas parcerias com organizações artísticas vizinhas. Em sua nova função, Seth tem ainda mais chance de explorar suas ideias sobre o papel da arte em nossa vida.

O que constitui a arte e como a vivenciamos? A educação artística deve se concentrar em ensinar ideias e técnicas ou deve ajudar as crianças a descobrir a arte cotidiana presente em suas percepções de mundo? Talvez a educação artística não seja mais do que a revelação filosófica da experiência, ou seja, observar a presença da confusão e celebrá-la.

Uma das áreas de exploração de Seth, em seu trabalho como artista e educador de artes, é como vivenciamos a cor. Esse interesse pode ter começado com sua mãe. Ele me disse que ela era professora de jardim de infância, então seu papel era apresentar as cores aos jovens estudantes. "Mas ela lhes mostrava a cor apresentando o disco de cores: *Este é verde e este é vermelho*", ele disse. "Isso não é cor; é apenas a nomenclatura das coisas. Nomes arbitrários em um disco equivalem a cores que não são precisas em relação à nossa experiência. Pensamos no vermelho como equivalente ao azul, mas isso não é verdade. Nossos olhos não são construídos assim."

O estilo de Seth é ponderado e despretensioso, mas quando nossa conversa muda para a filosofia da arte, seu ritmo assume uma nova intensidade. Fica irritado com o fato de que abstrações como o disco de cores impeçam as crianças, e todos nós, de apreciar plenamente nossa experiência cotidiana de arte. Contei sobre minha visita ao Skyspace de James Turrell, e Seth acenou com a cabeça, aprovando.

"Turrell faz parte de uma longa tradição de artistas que estão reagindo contra a cultura da imagem", disse Seth.

"As pessoas não sabem como olhar as pinturas porque acham que estão olhando imagens. Temos essa relação com as coisas na parede, porque é uma relação com a abstração. O interessante na pintura é que não pensamos nela como um espaço ilusionista, mas qualquer coisa naquela parede é uma ilusão. Vemos o espaço, querendo ou não. A menos que sejam artistas, a maioria das pessoas ainda fica diante de uma pintura, mesmo que seja uma obra abstrata. Por que fazem isso? Não há imagem lá."

Enquanto conversávamos, Seth me guiou por salas escuras e caixas de papelão em um espaço pouco iluminado que já fora o saguão do museu. Nele, ele tinha pendurado na parede uma de suas próprias pinturas em aquarela. Em última análise, era essa a razão de minha visita. Queria ligar os pontos entre a exploração da luz por James Turrell e a sensibilidade de Seth à cor. Mas antes que pudesse apreciar a cor na pintura, notei como o meu corpo e o dele se inclinaram para o quadro na parede assim que nos aproximamos da pintura. Sem dizer uma palavra, ambos nos colocamos nas melhores posições possíveis para perceber o que estava diante de nossos olhos. Lado a lado, ficamos de frente para a pintura, intuitivamente e em silêncio, a quase 2 metros do quadro.

Merleau-Ponty chamava essa postura corporal de "domínio ideal", e Seth me lembrou de que, embora nosso corpo mude em relação a qualquer obra de arte, uma pintura em particular acentua de forma lúdica como e por que isso acontece: *Las Meninas*, do grande pintor espanhol do século XVII Diego Velázquez, é como um quebra-cabeça matemático. Existem várias perspectivas diferentes dentro da pintura, mas há somente um lugar no qual ficar parado que revela ao espectador o que exatamente está no espelho dela.

Seth citou essa pintura como um dos maiores exemplos da articulação do domínio ideal de Merleau-Ponty. É uma pintura que lhe diz onde ficar. "Seu corpo é parte da experiência", disse ele. "Você pode ver as pessoas entrarem no Museu do Prado em Madri para visitá-la e, sem saber o que estão fazendo, elas mudam para uma certa distância. Se você calcular a geometria para encontrar o ponto exato onde você pode ver a imagem no espelho, verá que as pessoas já estão lá. O cérebro delas já descobriu."

Conforme meu próprio corpo se ajustava para apreciar a pintura de Seth, vi o que parecia ser um retângulo com um bloco de cor roxa. Seth explicou exatamente o que eu estava vendo.

"É inteiramente simétrico e ortogonal", explicou, "e é um quadrado duplo, uma proporção de dois para um, aproximadamente relacionado ao tamanho do corpo. É pintar como um espelho. Mas isso também faz parte do mecanismo de controle dizendo onde você deve estar".

Eu podia sentir o domínio ideal em meus ombros. Meu corpo se situava para perceber as cores diante de mim. Era isso que devia ser experimentado: o trabalho de Seth não era nada além de cor em um retângulo emoldurado. Quando me aproximei pela primeira vez e assimilei, a cor parecia ser de um tom de roxo. Não um roxo no disco de cores, um conceito abstrato de cacho de uvas de desenho animado, mas um roxo sombrio que parecia espesso com formas iniciais. Era o roxo de acordar antes do nascer do sol e sentir o caminho através do escuro.

À medida que ficamos de pé e sentimos a arte, as cores começaram a mudar. Um retângulo horizontal verde no centro da pintura ficou mais aparente. A sensação de roxo recuou. Ao redor da borda da pintura, surgiu um azul. Essas experiências aconteciam em nós dois ao mesmo tempo. As formas e as cores não eram memórias ou ideias que cada um de nós tinha sobre o que esta ou aquela cor poderia representar. Pelo contrário, nossa experiência era uma resposta física. Embora eu estivesse em um prédio no centro de Nova York, também estava de volta ao mundo do estudo de movimento aparente de Wertheimer. Assim como todos nós vivenciamos o pi do movimento, todos também observamos como as cores e as formas surgem e recuam no trabalho de Seth da mesma maneira.

Para Seth, essa experiência é onde a arte acontece. É a revelação da cor e da forma que acontece ao longo do tempo quando prestamos atenção. A experiência real da cor está disponível para todos, e não tem nada a ver com um disco de cores. Com certeza não é nem a imagem nem a narrativa do que a pintura representa.

"O processo é simples", ele disse. "É papel de aquarela em um painel. A água libera o pigmento no papel, e ele o absorve. Quando a água some, você não tem nenhum agente aglutinante. Ao contrário da pintura a óleo ou acrílica, práticas em que o aglutinante fica na superfície, não há nenhuma pincelada, nenhuma superfície nas aquarelas."

Para Seth, essa falta de superfície permite que a experiência de cor de cada observador seja a arte. Ao remover a biografia e a história por trás do trabalho — não há interpretação linear sobre qual pincelada veio primeiro ou qual seção foi concluída por último —, a obra serve como um portal. O que está dentro do quadro é um convite a todos nós para ver algo surgir. Esse retângulo de cor diante de mim começou a lembrar a massa de fermentação natural que uso na minha cozinha para fazer pão de massa azeda: é um catalisador para a ocorrência de um fenômeno.

"Normalmente, ao trabalhar em uma pintura, você leva a imagem consigo em sua mente", disse Seth. "Mas esta série de pinturas não criou imagens mentais. São apenas experiências. Eu trabalhava nisso o dia todo no estúdio e depois desligava as luzes, percebendo que não tinha lembranças do meu trabalho. Não havia nenhuma imagem em minha mente do que eu tinha feito naquele dia. Tinha que voltar no dia seguinte, olhar a obra e esperar o mesmo tempo todos os dias para ter a experiência dos meus olhos reajustando e voltando."

Seth apontou para uma cor no centro da pintura. "Há um quadrado azul implícito composto de quatro quadrantes", disse ele. "Mas se saíssemos, deixássemos nossos olhos verem algo amarelo e voltássemos, por dez segundos, aquele quadrado azul não estaria lá.

"Nossos olhos só começam a ver depois de dez segundos. Toda vez que vemos esse trabalho, sempre temos que esperar dez segundos para ver o quadrado azul."

Acho fascinante que todos nós — Seth, você, todos — tenhamos que esperar os mesmos dez segundos para ver o quadrado azul. Sua arte revela uma experiência que é verdadeira para todos nós. Não é subjetiva, não é objetiva. É uma verdade em nosso espaço compartilhado de experiência. E como o trabalho de Wertheimer em seu Laboratório do Olhar, o trabalho de Seth revela um caminho para todos nós escaparmos dos modelos da verdade do disco de cores. Uma grande observação começa e para além da convenção, vendo a experiência real diante de você. *"Para a coisa em si..."*

....

James Turrell e Seth Cameron nos mostram como ter acesso a uma experiência mais autêntica de luz e cor. Mas há um aspecto de nossa experiência humana do dia a dia que ainda não foi examinado. Como percebemos o espaço? E se a arte não é nem mesmo o objeto, mas o espaço que existe em torno dele? Como podemos chamar mais atenção para esse espaço e como seria vê-lo se desdobrando diante de nós? São as perguntas que orientam Merleau-Ponty quando ele pergunta o que vivenciamos entrando em uma sala ou levando uma bebida para a mesa. Um artista entendeu como fazer essas perguntas com uma precisão sem precedentes. Curadores e historiadores de arte o chamaram de minimalista porque seu trabalho usava um repertório limitado de objetos, como cubos e blocos. Ele achou o termo pesado porque descrevia seu trabalho não como mínimo, mas como uma "simples expressão do pensamento complexo". Seu nome era Donald Judd, e sua arte mudou o modo como todos nós percebemos nosso próprio corpo no espaço.

Judd nasceu em uma pequena cidade no Missouri, em 1928, em uma modesta família do Meio-Oeste. Ele serviu como engenheiro no Exército dos EUA na década de 1940, e foi somente durante esse período que começou a explorar rigorosamente o desenho e a rascunhar formas arquitetônicas. Na década de 1950, ele voltou seu foco para a filosofia, na Universidade de Columbia, enquanto também pintava na Art Students League de Nova York. Como outros artistas de sua geração, inclusive James Turrell, Judd ficou frustrado com as limitações da pintura como um meio: era muito restritiva para seus objetivos. Ele não queria uma representação da vida — os truques baratos de pinturas do velho mundo europeu como *Las Meninas*, com suas representações abstratas de perspectiva. Ele queria romper completamente com a pintura. Em vez de representar o espaço na tela, ele se perguntou: a arte poderia criar uma experiência mais direta do espaço em tempo real? Como vivenciamos nosso corpo através do espaço?

Meu primeiro avanço com o trabalho de Judd aconteceu na emblemática Casa de Vidro de Philip Johnson, em New Canaan, Connecticut. Junto com muitos outros amantes da arquitetura e do design, visitei sua casa em 1949 para sentir sua abordagem da geometria e da proporção. Com grande parte da casa construída de vidro, as paredes tinham porosidade: entre o vidro e a paisagem, não havia "dentro" e "fora". Quando a casa foi construída, Johnson ficou famoso por brincar dizendo que ele tinha um "papel de parede muito caro".

Eu caminhava em direção à casa, refletindo sobre sua transparência, quando algo chamou minha atenção. Era claramente uma obra de arte, mas como um cilindro de concreto preso no chão, parecia pertencer mais ao mundo de um canteiro de obras. Quando me aproximei, eu o vi como um objeto bidimensional. Mas continuei me aproximando, e algo profundo aconteceu. Em minha tentativa de alcançar o domínio ideal, a obra entrou na terceira dimensão, e de repente eu estava olhando para o espaço que se estendia em um plano que se abria na minha frente. Era como se Judd tivesse aberto uma porta, um portal mágico de percepção, invisível e ainda presente, lá para qualquer um disposto a reservar um tempo para vê-lo. Recuei — eu estava na segunda dimensão de novo. Avancei — três dimensões. Voltei — apenas duas.

Quanto mais tempo eu passava com a obra, me movendo em torno de sua esfera, mais conseguia apreciar a precisão da mudança.

O movimento rápido da gestalt foi construído para ocorrer não em metros ou centímetros, mas em milímetros. A superfície lisa do cimento se recusava a me distrair das perguntas sobre o significado — não tentava parecer um corpo, um pássaro ou qualquer outra representação. Ao contrário, a obra existia para revelar uma experiência singular: as mudanças da gestalt. Judd tinha trabalhado meticulosamente a forma do cilindro para ele se revelar a mim em pontos específicos de orientação.

Fui para a frente e para trás, buscando o domínio ideal, balançando entre as dimensões. Isso me deixou inesperadamente otimista, essa obra de concreto aparentemente simples ampliou minha percepção de profundidade. Meu encontro com o trabalho de Judd, *Untitled* (1971) — o primeiro de seus maiores objetos de concreto independentes —, foi tão provocativo, tão semelhante à exploração de Merleau-Ponty de nossa percepção, que eu tinha que descobrir mais. Imediatamente me propus a experimentar o trabalho de Judd no Dia Beacon, um museu de arte contemporânea a uma hora ao norte na cidade de Nova York. Lá estava eu diante das peças de Judd, *Untitled* (1975) e *Untitled* (1991).

Em ambos os trabalhos, as caixas de madeira compensada se projetam no espaço a partir de seus suportes de parede. São organizadas de acordo com linhas e grades simples, por isso é impossível interpretar qualquer caixa como mais importante do que outra. Embora o material aqui seja madeira compensada, em vez de concreto, o efeito de duas dimensões se abrindo em três era o mesmo quando eu me aproximava. Fui para a frente e para trás, em diferentes direções, para perceber os objetos. Onde estava o domínio ideal? Talvez não existisse. Ou talvez a minha busca procurando-o fosse o objetivo da arte. É possível que Judd tenha sido diretamente influenciado pela filosofia de Merleau-Ponty? Fiz uma peregrinação para descobrir.

....

Se quiser chegar a Marfa, uma pequena cidade nas altas planícies do deserto de Chihuahua, na parte ocidental do Texas, você precisa reservar um bom tempo e ter muita paciência. A cidade fica a três horas do aeroporto mais próximo em El Paso e a várias horas de carro de cidades maiores como Austin e San Antonio. Em 1979, Judd veio aqui em busca de uma maneira diferente de fazer arte. Estava desencantado com os figurões do mundo da arte dos anos 1970 de Nova York, curadores e agentes que tiravam a arte dos estúdios e a transformavam em comércio nas paredes de galerias e casas de leilão. Judd ansiava pelo que sentia ser uma experiência mais autêntica de arte e de fazer arte.

"A maior parte da arte é frágil, algumas devem ser colocadas e nunca mais movidas", Judd escreveu mais tarde em uma introdução ao seu trabalho. "Em algum lugar, uma parte da arte contemporânea tem que existir como um exemplo do que a arte e seu contexto deveriam ser. Em algum lugar, assim como o metro de irídio e platina é uma garantia para a fita métrica, uma medida deve existir para a arte deste tempo e lugar."

O vasto céu aberto de Marfa, as linhas baixas do horizonte e a paisagem sombria marrom e roxa da Lua eram apenas "algum lugar". Judd comprou 138 hectares que incluíam os edifícios abandonados do exército do Forte D. A. Russell. Dentro da vastidão desse espaço, ele criou mais de 15 obras diferentes ao ar livre e 100 trabalhos de alumínio diferentes alojados nos antigos galpões de artilharia. Em 1986, a parceria de Judd com a Dia Art Foundation levou à criação da Fundação Chinati, uma ONG de artes dedicada ao trabalho de Judd em Marfa, bem como o de alguns de seus contemporâneos, incluindo o artista de instalação de luz Dan Flavin.

Marfa foi precisamente onde desci depois de uma longa viagem pelas Montanhas Davis marrons e desalinhadas em um dia de verão em 2020. Várias décadas após a visão inicial de Judd, Marfa tornou-se uma meca das artes, com dezenas de restaurantes, *food trucks*, uma livraria de arte e um local para um acampamento de luxo repleto de xampus caros e gel de banho. Tudo isso em uma cidade com menos de 2 mil residentes em tempo integral. A obra de arte mais fotografada de Marfa é uma elegante caixa branca de uma loja com a palavra Prada — nenhuma outra loja ou estrutura à vista em um trecho de estrada solitário em direção às altas planícies do deserto de Chihuahua.

Seria fácil supor que a arte de Donald Judd seria esquecida na euforia. No entanto, quando me aproximei de suas quinze enormes estruturas de concreto instaladas uma após a outra no chão, tive que parar e respirar. As estruturas, cada uma com cerca de 2,5m x 2,5m e 4,8m de largura, não podem ser vivenciadas sem seu contexto: um campo desértico com arbustos, suculentas e, em alguns dias, até cobras. Não é arte pura aqui — uma obra preciosa que pode ser despojada de seu contexto e colocada no pedestal em um museu. As caixas de concreto gigantes de Judd estão na paisagem e fazem parte dela, meticulosamente colocadas em linhas e fileiras, me convidando com um desafio: preste atenção em como você percebe isso.

A atenção é o objetivo final aqui. É o desafio de Donald Judd para todos nós. Como olhamos essas obras? Onde ficamos para encontrar um todo coerente? Como nosso corpo se move em relação a elas? Como vemos o espaço entre cada uma delas?

Eu me aproximei das obras, e meu corpo queria alinhá-las, para encontrar um domínio ideal, onde sua colocação me desse um quadro unificado através do qual ver a paisagem do outro lado. Encontrei o local exato e senti uma sensação de alívio ao olhar através das caixas de concreto obtendo uma única imagem do outro lado. Então um grupo de pessoas passou pelo meu quadro, e a gestalt mudou. Assim como no Skyspace de James Turrell, a obra de Judd estava me forçando a passar de uma imagem emoldurada da paisagem do deserto para uma imagem em movimento de pessoas andando a distância.

Enquanto andava pelas caixas de concreto, ansiava por ver as obras de cima, para chegar a uma coerência perceptiva que se sentisse inteiramente organizada. No entanto, Judd não permite tal experiência. Não é por acaso que a Fundação Chinati não permite que drones tirem fotografias aéreas dessas estruturas. Esse trabalho deve ser "visto" pelas pessoas no tempo e no espaço. Direcionar uma câmera computorizada para capturar imagens de cima é completamente irrelevante. Tira de nós — e do nosso corpo — a experiência.

Conforme entrava e me movia ao redor das estruturas de concreto simples, não havia um lugar para ficar, nenhum alinhamento ideal. A experiência me deixou inesperadamente desorientado. Esse deslocamento era a interpretação artística de Judd da filosofia de Merleau-Ponty?

Depois que caminhei pelos blocos de concreto, fui para o complexo de Judd, a que ele se referia como "O Bloco". Essas estruturas incluíam uma sala com uma grande seção da biblioteca dele. Foi lá que tive uma noção melhor do código-fonte de minha experiência. Em todas suas estruturas ilusoriamente simples, a biblioteca, a escrita e as notas de Donald Judd revelam que ele foi inspirado pela filosofia de Merleau-Ponty. Descobri que enquanto Judd estudava em Columbia, sua tese foi sobre Platão. Nela, ele confrontou o foco de Platão sobre o conhecimento verdadeiro: a ideia de que o conhecimento abstrato e teórico existe à parte da realidade confusa de nossa experiência no mundo. Fica claro até mesmo nessa escrita inicial que Judd está incomodado com essa noção. Assim como não podemos tirar as obras de arte de sua criação, argumentou ele, não podemos perceber verdades universais sem reconhecer seu contexto.

Dessa forma, com beleza e elegância, Donald Judd responde às ilusões de ótica sobre as quais os teóricos da gestalt antes ponderaram. O cilindro de concreto na Casa de Vidro de Philip Johnson, por exemplo, é paralelo à experiência de ver a famosa ilusão do pato/coelho: você pode alternar entre as dimensões, de duas dimensões para três ou pato *versus* coelho, mas não pode ver as duas ao mesmo tempo. Com essas obras, ele discorda de Platão: não há ideal platônico, nenhuma verdade universal. Ao contrário, a única verdade é contextual. Em um minuto, a verdade é um coelho, e no outro, é um pato. Para entender uma imagem, é preciso considerá-la em relação ao seu fundo. Para conhecer uma pessoa, você deve entendê-la dentro de seu mundo.

E, como na arte de Judd, você nunca realmente "vê" essas formas concretas separadas de seu mundo na planície do deserto. Em um ensaio escrito em 1964, Donald Judd resume sua visão: "A coisa, como um todo, sua qualidade como um todo, é o que interessa."

....

Seja o céu visto através do Skyspace de Turrell, a cor roxa que se transforma em verdes, azuis e amarelos nas aquarelas de Seth ou a sensação de ver o espaço se desdobrar em quinze caixas de concreto em um deserto, todas essas três obras desses artistas nos mostram que a verdade de nossa percepção é muito mais estranha e interessante do que as suposições comuns nos fazem acreditar. Os Laboratórios do Olhar são abundantes — por meio de estudos de movimento aparente, as colinas de Provença e nos arbustos empoeirados do oeste do Texas, cada um nos pedindo para questionar o que vemos.

Como você pode se conectar com uma experiência mais precisa de sua percepção no dia a dia? Pense em como era tirar uma foto de uma paisagem ao pôr do sol com uma câmera de filme. Para as pessoas que nunca usaram uma, a cor do pôr do sol tem um tom amarelo no negativo ou na foto revelada. Esse tom amarelo era a realidade "objetiva" — uma realidade neutra de um dispositivo ótico capturando ondas de luz em movimento. Mas a experiência humana não tinha nada dessa tonalidade. Nossa percepção mantinha a cor constante; víamos o pôr do sol como simplesmente "o pôr do sol", corrigindo a cor sem sequer perceber. As câmeras digitais de hoje têm uma função própria, chamada "balanço de brancos", que faz uma correção de cor semelhante. Mas o exemplo da câmera analógica ajuda a ilustrar como o registro técnico do mundo objetivo é diferente do mundo que vivenciamos. É aqui que a realidade existe, em nossa percepção.

Os artistas são especialmente sensíveis a esse fato, mas todos nós podemos aprender com seus dons. Saia e encontre um Laboratório do Olhar ou, melhor ainda, crie o seu. Afaste-se das telas, desative suas notificações, saia para a selva da realidade e olhe em volta. Abandone todos os filtros, isto é, clichês, convenções, correções de cores, o que quer que sejam. Tente prestar atenção ao simples ato de ver. "Para a coisa em si." O que aparecerá diante de você?

O QUE É ATENÇÃO?

Pare por sessenta segundos agora e sinta seu corpo no espaço. Pense sobre o livro ou o dispositivo de leitura em suas mãos, os sons do lado de fora, a sensação de suas pernas no assento ou no sofá. O que você sente contra sua pele? O que pode ouvir? O que está vivenciando agora — como sua mão entende onde virar as páginas do livro ou como seu corpo está apenas a uma pequena distância da pessoa ao seu lado no trem — revela um pouco de nossa percepção mais profunda. É assim que prestamos atenção no mundo.

Considere o exemplo de uma rosa. Um jardineiro, um designer de interiores e um pretendente se preparando para um encontro, todos prestam atenção em uma rosa de maneiras completamente diferentes. O jardineiro vê a rosa no mundo das plantas e das flores, e usa seu conhecimento de solos, fertilizantes, poda e prevenção de pragas para cuidar dela e se preparar para sua floração. O designer de interiores olha para uma rosa e presta atenção em como ela ficará no aparador em um vaso de cristal e se sua altura e cor complementarão o dourado do espelho antigo que ele acabou de colocar em exposição. O pretendente se preparando para um encontro olha para a rosa e se pergunta se é a flor certa para a noite: ela significará lealdade e ardor ou um entusiasmo exagerado?

A rosa está em todos esses mundos, e prestamos atenção nela de maneiras muito diferentes. Um cientista (botânico, por exemplo) também pode observar a rosa e se concentrar em aspectos de suas propriedades, estudando a presença de fungos microscópicos em suas pétalas. Esse modo de prestar atenção, focando com uma lente científica, é válido e útil para a vida moderna. Mas Merleau-Ponty argumenta que o foco de um cientista, uma abordagem intelectual, não é tão básico para nosso conhecimento quanto nossa compreensão social da rosa. As tradições da filosofia nos enganaram quanto a isso por centenas de anos. A atenção não é uma experiência intelectual. A ciência pode nos dizer algo sobre a rosa, mas nunca revelará nossa relação com a rosa. O que a rosa significa para nós em nosso mundo?

A metáfora do design de iluminação pode me ajudar a fazer isso parecer mais concreto. Um designer escolhe diferentes tipos de luz para diferentes objetos: uma luz focada, por exemplo, é boa para tarefas como costurar com uma agulha ou ler um livro. Essa luz, muitas vezes um holofote, fornece uma boa descrição para a compreensão convencional de como a atenção funciona. Tudo dentro da luz é importante, já o mundo que existe além dela é irrelevante. Prestar atenção nesse sentido convencional é se concentrar apenas no holofote. O cientista coloca o foco de um holofote na rosa e presta atenção apenas no que está no círculo de luz.

Contudo, Merleau-Ponty argumenta que nossa principal experiência de atenção é como outro tipo de luz que designers e arquitetos usam. É o ambiente, e ele enche a sala com uma luz mais difusa. Com a luz ambiente, mais como um projetor, o plano de fundo e o primeiro plano são relevantes. Quando entramos em uma sala, ignoramos essa luz ambiente, assim como ignoramos o chão sob nossos pés. É algo tão óbvio que nem vale a pena notar.

A luz ambiente, ou o refletor, é como nossa atenção funciona, na maioria das vezes, em um dia comum. Como é tão óbvia, não parece natural para nós sermos analíticos sobre ela. Não está nem em nossa consciência geral. Nós nos movemos pelo mundo, descendo a rua, passando por amigos e vizinhos, dirigindo ou pedalando, caminhando ou sentados. Merleau-Ponty foi o primeiro a sugerir que isso acontece em uma espécie de viscosidade, uma existência enredada no mundo à nossa volta. No entanto, quando somos deliberados e cuidadosos com nossas descrições da atenção cotidiana, percebemos que o refletor está ao nosso redor o tempo todo.

Muito de nossa conversa cultural atual em torno da atenção se refere à nossa experiência de focar e ajustar todo o resto. Por exemplo, na infância, quando aprendemos a ler uma frase ou olhamos através de um microscópio uma lâmina de bactéria, estamos conscientes de nossa atenção concentrada no holofote. Mas o que deixamos de entender com essa fixação é que estamos sempre, em primeiro lugar, prestando atenção com a luz ambiente. Na verdade, não existe tal coisa como olhar ou focar sem uma atenção mais ampla no contexto.

Duvida? Imagine um ponto branco. Agora imagine o mesmo ponto branco em uma página de papel branco. É imperceptível. Só podemos entender o ponto branco, só podemos vê-lo claramente, quando o percebemos no contexto de seu plano de fundo.

Tudo isso para dizer que não há foco de atenção sem o refletor. Até um astrônomo olhando através de um telescópio ou um engenheiro de software trabalhando em uma linha de código está entendendo seu trabalho através dessa forma mais ampla de atenção em seu mundo social.

Mundo social, confusão, plano de fundo, nosso ato de *estar* no mundo: filósofos e pensadores usam essas palavras porque tentam descrever uma experiência que está bem debaixo do nosso nariz. A atenção está perto demais para ser vista e longe demais para ser analisada. Para a maioria, e em grande parte das vezes, nossa atenção no mundo é invisível para nós. O diretor de cinema alemão Wim Wenders nomeou um de seus filmes mais aclamados segundo essa experiência de familiaridade: *In weiter Ferne, so nah*. A atenção está longe, e tão perto.

Se tudo isso ainda parece vago, deixe-me dar alguns exemplos do foco de atenção que todos temos. Pense em um jogador de futebol brilhante conduzindo a bola pelo campo. Se você o vê em seu melhor momento, ele não dá sua atenção indivisível para a bola; na verdade, ele não se concentra em nada em particular. Os melhores atletas parecem ver o espaço e o movimento em tempo real e podem projetar no futuro próximo, tudo de uma só vez. Os jogadores de futebol têm padrões de movimento que praticam com exercícios, mas, no momento, tais padrões se tornam rodinhas de apoio em uma bicicleta. Ficam em segundo plano. Em seu lugar está um brilho de atenção: um foco em todo o campo fenomenal. É como se pudessem ver todos os movimentos dos jogadores e a curva da bola viajando em câmera lenta contra o plano de fundo do campo inteiro.

Além disso, quando os jogadores de futebol são entrevistados após uma partida, raramente têm algo específico a dizer sobre o que acabaram de fazer, mesmo quando o que fizeram foi algo extraordinário envolvendo extrema habilidade e virtuosismo. Eles não têm consciência disso. É raro que esses jogadores sejam excelentes oradores, mas é notável o pouco que eles têm a dizer sobre os eventos que aconteceram apenas momentos antes. Isso ocorre porque tais momentos não foram vivenciados em alerta e com uma consciência totalmente transparente. Muitas vezes, eles precisam ver as imagens após a partida para entender o que aconteceu.

Um grande jogador de basquete pode jogar a bola sobre o ombro e enterrar sem nem olhar para o aro. Dezenas de bailarinas podem se mover em um pequeno palco sem nunca esbarrar umas nas outras. Um nadador olímpico sabe exatamente onde o corpo do competidor está em relação ao seu, mesmo que esteja a uma raia de distância e cinco braçadas atrás. Como fazem isso? Não tem nada a ver com o holofote e tudo a ver com a desaceleração de nossa percepção. Um foco de atenção em primeiro e segundo planos: tudo e nada. É uma descrição precisa de como experimentamos a atenção nas atividades intelectuais, como analisar planilhas, por exemplo, ou escrever um e-mail. Sim, estamos concentrados nas tarefas, mas só conseguimos nos concentrar assim porque nossa atenção maior compreende o significado: o contexto maior da mesa onde estamos e o teclado do computador no qual digitamos; sem mencionar o significado de conceitos abstratos como "recursos humanos", "atendimento ao cliente" e "alocação de orçamento".

Nossa atenção é um milagre inesperado de flexibilidade: tem a capacidade de contrair e expandir, de apreciar a relevância dos detalhes, bem como compreender a vastidão dos mundos. A atenção pode exercer um papel importante em padrões, escalas, narrativas, movimentos e mitos. Quando começamos a celebrar as capacidades fundamentais da atenção, em vez de relegá-la ao mero subconjunto de foco e concentração, chegamos muito mais perto de nosso objetivo de dominar a habilidade observacional. Aprender a observar a confusão da vida requer entender como prestar atenção.

Para dar um exemplo desse tipo de atenção, procurei um dos maiores observadores do mundo. Ele desenvolveu o domínio do foco de atenção do holofote. Embora seja bem versado na mais recente pesquisa científica explorando a visão — tudo, desde oftalmologia, neuro-oftalmologia, terapia da visão e neurofisiologia —, sua área de especialização não tem nada a ver com a visão. Seu nome é Gil Ash e ele é considerado por muitos como o mais influente e experiente treinador esportivo do mundo na atualidade em tiro ao alvo de argila, tiro no prato e em alvos em movimento.

....

Conheci Gil em um rancho no meio de Montana, onde ele realizava uma de suas sessões de treinamento altamente conceituadas em tiro ao alvo de argila. Gil, um texano grandão de Houston que faz comentários sobre a inteligência dos gansos, é amplamente considerado como o maior inovador desse esporte muitíssimo especializado.

O tiro ao alvo de argila foi criado no século XIX, quando atirar em pássaros em cativeiro, como pombos e perdizes, começou a ofender as pessoas. Os atiradores esportivos procuraram um modo mecânico de replicar os padrões de voo e as trajetórias das aves encontradas na natureza. Na virada do século XX, armadilhas autocarregáveis com pratos de argila eram usadas. A primeira iteração dos alvos de argila, terracota, se mostrou muito difícil de quebrar com consistência usando uma bala de espingarda. Mas em meados da década de 1950, os fabricantes de tiro em alvos móveis passaram a usar uma argila mais macia e o aumento no sucesso do tiro elevou sua popularidade e levou à colocação permanente do esporte nos Jogos Olímpicos. Em mais de cinco décadas, a dedicação de Gil à precisão técnica no tiro revelou novas possibilidades para o esporte. Ele e sua equipe de treinadores se dedicam a estudar como o cérebro vê a argila ser lançada pela armadilha e o que acontece nos milissegundos antes de o corpo executar o tiro.

Em nossa sessão em Montana, vi como um dos atiradores no workshop carregou sua espingarda e ficou a uma distância da máquina automática. Gil gritou "Puxe", e um pequeno disco laranja saiu da máquina e percorreu o céu em uma das muitas trajetórias precisamente determinadas, cada uma com altura e velocidade diferentes. A maioria dos iniciantes que levantam sua espingarda para atirar na argila erra muito — ela parece viajar em uma velocidade incompreensível. O cano da arma segue seus olhos conforme eles tentam rastrear a argila no céu — lento demais, tarde demais. Para um iniciante, é quase impossível atirar em outro lugar, exceto no disco, porque apontamos para os objetos para os quais também olhamos nossa vida inteira. O ato de apontar para o que olhamos é essencialmente automático, por hábito, então, se os alvos ficassem parados, os atiradores iniciantes melhorariam rapidamente. Mas o alvo é móvel, exigindo que o atirador rastreie a argila com sua visão e aponte a arma à frente dela, garantindo que a nuvem do disparo e a argila cheguem ao mesmo lugar e ao mesmo tempo. Além das exigências dessa tarefa, está o fato de que o atirador deve manter sua visão primária no alvo a 30 metros e apontar o cano da arma que tem apenas 83 centímetros na frente de seu nariz.

"A situação é complexa", explicou-me Gil. "Seus olhos estão vendo um ponto a 83 centímetros: a extremidade do cano da arma. Eles também precisam considerar outro ponto: o disco de argila a 30 metros de distância. Como sua percepção coordenará esses dois pontos de dados?"

Embora o disco de argila seja lançado em diferentes ângulos e velocidades, Gil me disse que o fator mais crucial para aprender a prestar atenção nele é a relação entre o objeto que voa e seu plano de fundo. Se o plano de fundo está distante, o disco voando nele é vivenciado como mais lento. Mas se o plano está mais próximo do atirador, o disco parece se mover mais rápido.

"A velocidade percebida é menos importante do que o plano de fundo", disse Gil. "Dentro de três segundos, você precisa reagir à profundidade, à largura e ao tamanho do espaço, junto com a velocidade e o movimento do disco. É um espaço de vetores e velocidade com quatro ou até cinco dimensões."

Diante dessa complexidade, não havia como ter consciência intelectual no ato do disparo. Aqui, nos alvos quebrados de Gil, havia ainda mais evidências de que a descrição de percepção e atenção de Merleau-Ponty estava correta. Em vez de pensar em um tiro e tentar processar analiticamente todas as variáveis, Gil ensina aos clientes a treinar o próprio corpo para desacelerar a percepção.

"Um disco voltando alto como um pássaro", Gil apontou para o alvo móvel no céu, "é percebido como subindo e descendo com um movimento mais brusco do que um disco baixo. Isso faz com que o disco baixo pareça mais lento, mesmo que seja lançado com uma velocidade maior."

Para ajudar a explicar essa descrição, Gil Ash compartilhou uma visão que poderia ter vindo diretamente de Max Wertheimer: "A velocidade é relativa ao plano de fundo e tem muito pouca relação com o que sua retina vê."

Acontece que o esporte de tiro ao alvo de argila, o ato essencial de olhar o cano de uma arma, tem muito pouco a ver com a ciência da visão. Ao contrário, é um jogo ganho com o domínio de como vivenciamos nossa visão, um jogo de percepção altamente qualificada. Na verdade, à medida que a visão enfraquece com a idade, Gil depende cada vez menos da capacidade dela. A perda de visão não o impossibilita de atuar no esporte com maestria.

"A pesquisa em neurociência provou que é a relação entre suas visões de perto e de longe que importa, não a capacidade da visão em geral. Eu não preciso dos olhos de um jovem para ver. Só preciso sentir e ver a relação entre o disco e o plano de fundo. Hoje, nem preciso olhar o disco para saber se um dos meus clientes o acertará. Eu só sei."

O conhecimento de Gil nos dá outra ideia de como é observar sistematicamente o plano de fundo. Em seu estudo do esporte ao longo da vida, ele usa uma espécie de observação secundária — o processo de hiper-reflexão — para melhorar suas habilidades de percepção. Ele não aplica o foco de um cientista em seus esforços, ele nunca perde toda a gestalt da argila que se move pelo céu. Pelo contrário, desacelera seu corpo para obter as melhores informações sobre a trajetória do disco. Em seu treinamento, ele ensina os clientes a "deixarem a razão", parando de pensar e deixando o corpo falar.

"Se não abandonar o medo de perder", ele me disse, "você será muito ruim nesse esporte. O subconsciente é muito mais rápido para reagir. É com o consciente, a abordagem consciente e analítica, que devemos ter cuidado. Se você acha que não pode acertar o alvo, não acertará".

É com a relação entre plano de fundo e primeiro plano, miopia e hipermetropia, o cano de uma arma e o pequeno ponto de argila distante no céu que Gil Ash presta atenção em seu esporte. Mesmo nesse conjunto aparentemente simples de restrições (arma, chumbo, argila, máquina), há uma tremenda complexidade. O foco de sua atenção lhe dá uma maneira de processar todas essas variáveis, não vendo, mas percebendo, e a nuvem de tiro de sua arma estraçalha o alvo de argila todas as vezes.

....

Se o domínio de Gil no tiro ao alvo de argila nos mostra como observar o plano de fundo e sua relação com o primeiro plano, como podemos aplicar isso em um contexto infinitamente mais complexo, envolvendo o mundo social? Como colocamos toda essa nova consciência da percepção na tarefa de observar outros seres humanos na confusão da ação humana? Nesta primeira seção, exploramos as oportunidades para você se ver vendo. A precisão técnica que descrevi irá atendê-lo bem conforme você direciona sua prática de observação para o mundo de outras pessoas — suas sociedades, culturas, crenças e seus comportamentos. Se um contexto de armas, chumbo, argila e máquinas cria uma grande complexidade, o mundo social dos seres humanos eleva essa complexidade em várias ordens de magnitude. Na Parte 2, exploraremos como abordar a observação do mundo humano com maior riqueza e profundidade.

Antes de passar para a aplicação direta da filosofia de Merleau-Ponty, quero deixar você com este manual conciso para suas observações diárias. Para cada um dos seis equívocos comuns sobre as percepções humanas, Merleau-Ponty nos oferece uma maneira de trazer mais rigor e precisão para como vemos o mundo. Eu o encorajo a recortar isso ou mantê-lo por perto para quando estiver pronto para começar a observar fenômenos mais complexos. Deixe sua filosofia servir como uma vacina contra as respostas fáceis e as ideias da moda que contaminam muitas de nossas conversas contemporâneas.

MANUAL DA PARTE UM

SEIS EQUÍVOCOS COMUNS SOBRE COMO VEMOS O MUNDO

EQUÍVOCO 1:
OUVIMOS E VEMOS DADOS BRUTOS

Eu diria que há duas maneiras significativas de entender mal e subestimar o modo como os seres humanos percebem o mundo. No nível mais básico, pensamos que ver é receber e processar dados do mundo. Nossos sentidos veem, ouvem, cheiram, provam e tocam o mundo ao nosso redor. Então nosso cérebro processa uma infinidade de dados, e, de alguma forma, sentimos o mundo em que vivemos como significativo e um lugar onde sabemos como atuar. O que experimentamos quando vemos ou ouvimos, de acordo com essa primeira suposição, é o produto causal de sensações atômicas. Podemos ver as partes sem o todo. Com *atômico*, estou falando de dados distintos e sem sentido, como luz ou ondas sonoras, sem referência para o mundo do homem. Em uma visão atômica, as propriedades são independentes umas das outras. A cor azul não depende do suéter azul que vemos. Os objetos são o que são por causa de sua natureza intrínseca, ganhando apenas características superficiais de qualquer relação das quais participam. Esse é o domínio dos dados sensoriais brutos. Ouvimos ondas sonoras que podem ser medidas em hertz e sentimos um odor ou um cheiro em nosso nervo olfatório. E essa suposição comum nos leva a perguntar: o que mais poderia ser?

Mas como reconhecer imediatamente o cheiro de pão queimado ou o de uma floresta depois da chuva? Naturalmente, sentimos o cheiro do ozônio e de outros produtos químicos, mas o experimentamos como torrada queimada ou madeira molhada. Merleau-Ponty e outros filósofos famosos, como William James, afirmam que nunca experimentamos sensações brutas sem sentido. Elas existem na natureza, mas nunca em nossa experiência. Os dados sensoriais são sempre vivenciados como parte de um mundo humano e significativo. Não existe imagem sem fundo. O todo define o que conta como parte. Há casos em que não podemos definir um cheiro ou um som, mas são raros.

EQUÍVOCO 2:
A CIÊNCIA EXPLICA TUDO

Outro grande equívoco tem a ver com como nós, humanos, percebemos os outros seres humanos. Em minha vida profissional e entre meus alunos, muitas vezes, ouço as pessoas explicarem um fenômeno complicado ou uma atividade humana dizendo coisas como: "Isso é apenas a natureza humana". Na tradição da psicologia cognitiva e experimental, a atividade humana é pesquisada pela realização de experimentos em estudantes de pós-graduação e extraindo leis simples do comportamento humano. Por fim, palavras como *preconceito* devem explicar tudo sobre por que e como tomamos decisões ruins que não são racionais ou mesmo decentes. Essas ideias têm sido algumas das principais formas de entender o comportamento humano na última década. Nós, seres humanos, somos explicados por estruturas simples como pensamento "rápido" e "lento", com rápido sendo irracional (ruim) e lento sendo como o de cientistas naturais (bom). É uma estrutura simplista que fornece respostas fáceis para explicar a complexidade da natureza humana.

Outra ideia da moda é a de que todo comportamento humano pode ser explicado pela evolução. Amor, sexo, ter filhos e querer ser promovido são apenas resultados da biologia evolutiva e podem ser totalmente explicados dentro dessa estrutura organizada.

Ainda mais interessante é a ideia de que estudar nosso cérebro com novas tecnologias, como scanners fMRI, nos ajuda a entender por que fazemos o que fazemos. Somos nosso cérebro, e as descrições de como o córtex frontal e a amígdala se iluminam quando estimulados, como por imagens e sons, nos dão uma narrativa clara a seguir. Podemos construir novos produtos, criar mensagens políticas e otimizar serviços de namoro com base apenas em varreduras do cérebro.

Em economia, o mercado e a atividade financeira podem ser descritos com modelos matemáticos baseados em suposições de que os seres humanos reagem a incentivos e as empresas querem otimizar os lucros. Em outros grupos de economistas e cientistas políticos mais de esquerda, toda a história humana pode ser entendida pela lente da opressão. Tudo o que está errado no mundo pode ser reduzido a uma palavra: *capitalismo*.

Por fim, surgiu uma nova narrativa científica da natureza humana. Grandes modelos de linguagem e IA afirmam que podem prever o que pensamos e queremos escrever, e podem até mesmo criar nossos roteiros de filmes. Por quê? Por causa da IA.

Essas teorias explicam de maneira ruim as experiências dos fenômenos ou dos conceitos fundamentais do mundo do homem, como atenção, cuidado e percepção. A filosofia de Merleau-Ponty nos mostra que essas ideias simplistas são pretextos para realmente tentar explicar fenômenos que são mais complicados, bonitos e não lineares. Para nossos propósitos, poderíamos chamar esses conceitos descuidados de *reducionismo* ou, às vezes, até de *cientificismo*. Se queremos definir os humanos, precisamos desafiar tais ideologias.

Em sua filosofia, Merleau-Ponty nos ajuda a reconhecer que sempre operamos, em primeiro lugar, em um mundo social, às vezes em vários mundos simultaneamente. *Mundo* parece um termo técnico, mas entendemos isso por intuição. Pense no "mundo do teatro" ou no "mundo das altas finanças". Eles têm, como o filósofo alemão Martin Heidegger disse, uma estrutura compartilhada. Todos os mundos têm equipamentos que as pessoas usam. O mundo do teatro tem ingressos, palcos, atores, roteiros, espectadores e orçamentos. O mundo das festas de aniversário envolve balões, bolos, convidados e velas. As pessoas usam esses equipamentos *para* alcançar metas específicas, mas muitas vezes não ditas, e as pessoas no mundo têm razões para seu comportamento que estão ligadas às nossas identidades complexas como atores, pais ou banqueiros. Vivemos nesses mundos e estamos tão familiarizados com eles que raramente pensamos em como funcionam ou em quais são as regras. Damos a nós mesmos uma identidade por meio da seleção de práticas nesses mundos. Somos seres *dentro*, e *não fora* do mundo. Estruturas simples não explicam nossos mundos e nossas práticas. Elas são o *todo* que envolve a habilidade e o domínio que não podem ser separados com a realização de experimentos reducionistas ou exames cerebrais. Há bons motivos pelos quais é desafiador para as tecnologias de IA saber em que mundo estamos quando conversamos, discutimos ou fazemos algo significativo. Nem a inteligência artificial generalizada e nem o modelo econômico chegaram perto de entender ou operacionalizar o problema dos mundos. E o cientificismo ou o reducionismo não é útil se queremos realmente observar e entender. Em vez de aceitar com descuido o relato da psicologia cognitiva, da neurociência ou mesmo da fisiologia, precisamos voltar ao fenômeno. A fenomenologia tenta nos colocar em contato com um relato direto do fenômeno da percepção sem fazer um relato psicológico ou causal. Precisamos assistir e ouvir sem respostas fáceis.

EQUÍVOCO 3:
VEMOS COMO UMA CÂMERA

Uma câmera pode registrar dados sobre o local para onde você aponta sua lente, pode gravar e reproduzir a cor exata, a forma, o tamanho e a distância, assim como um gravador de ondas sonoras pode registrar as frequências precisas ao nosso redor. Parece intuitivo que percebamos o mundo como uma câmera — a ideia de que os seres humanos também absorvem dados sensoriais e os reprogramam como se estivéssemos fotografando o que vemos.

Mas é errado pensar que vemos como uma câmera ou ouvimos como um gravador de ondas sonoras. Também é errado acreditar que uma câmera é melhor em ver do que o homem. Sem dúvidas, uma câmera é superior aos seres humanos se o fato de ver é sobre absorver dados sensoriais e reproduzi-los com precisão. Mas o que uma câmera não faz é ver um mundo saturado de significado, e ela não descreve o mundo à medida que nos movemos nele e nos envolvemos com ele.

É um equívoco comum pensar que o que vemos e ouvimos quando caminhamos pela rua são dados brutos chegando aos nossos órgãos sensoriais. É contraditório que a entrada sensorial primária (como cor, som, movimento, distância e números) não seja o que vemos. Essas entradas não são percebidas na maneira como os órgãos sensoriais recebem os dados sensoriais.

Devemos diferenciar os dados sensoriais brutos em como são recebidos por nossos órgãos sensoriais e em como vivenciamos os dados sensoriais no mundo humano de objetos, cor, espaço, distância etc. Não percebemos nossas experiências como uma máquina o faria, como um registro separado do mundo ao nosso redor. Os seres humanos estão sempre no mundo humano, e o que vemos é percebido como tal.

EQUÍVOCO 4:
A PERCEPÇÃO É INTELECTUAL

Somos nosso cérebro, certo? É o cérebro que controla tudo, e nossos olhos estão conectados ao cérebro. Certamente, vemos com nossa consciência — ou assim presumimos. Podemos explicar nossas ações estudando o que pensamos. A história da filosofia está repleta de versões dessa ideia. O filósofo empirista John Locke sugeriu que toda percepção e atenção realmente são dados sensoriais que chegam ao nosso corpo. Esses dados de alguma forma se somam às nossas experiências no mundo. Racionalistas como Immanuel Kant levaram essa ideia mais longe, afirmando que os dados sensoriais que chegam aos nossos olhos e ouvidos estão organizados em categorias. Temos conceitos em nosso cérebro, e os dados são separados por um mecanismo mental que torna os dados parte de nossa experiência. Merleau-Ponty chama essas duas posições de "preconceitos": ambas têm lugar em como explicamos o que é a percepção. Ele coloca o empirismo e o racionalismo em uma categoria que chama de intelectualismo. Seu argumento é o de que a experiência acontece de uma maneira pré-linguística e preconceitual. Na maioria das vezes, entendemos o mundo sem linguagem e não temos relação proposicional com ele: não estamos inferindo nem acreditando em nada. Apenas operamos sem processar nada intelectualmente. Não somos mentes, cérebros ou consciência. Somos o que fazemos, raramente o que pensamos.

EQUÍVOCO 5:
VER É SUBJETIVO

Outra suposição comum é a de que nossas experiências são nossas, e somente nossas. Quando ouvimos, sentimos ou vemos algo, isso acontece dentro de nós de uma maneira que nos parece privada. Também podemos ter pensamentos que pertencem apenas a nós. Não, dizem Merleau-Ponty e a fenomenologia existencial em geral. Todos nossos pensamentos, cada palavra, e todas nossas experiências acontecem em um contexto social que compartilhamos com os outros. Não há como ter pensamentos sem tê-los como parte de um mundo humano compartilhado. Em outras palavras, não há como pensar, sentir ou experimentar nada sem fazê-lo dentro de um contexto. Mesmo os conceitos mais abstratos, como números ou a teoria das cordas, são sempre entendidos no contexto do mundo ao qual pertencem — a física quântica, por exemplo. A palavra de Martin Heidegger para essa ideia em sua língua estranha e muitas vezes impenetrável é *woraufhin*. Pode ser traduzido em algo como "isso com base naquilo". Todos os pensamentos e conceitos são parasitas em um contexto do que ele chama de *familiaridade*. De certa forma, é a visão mais importante de Heidegger. Confusão é familiaridade. É *isso com base em* tudo que é entendido. Sabemos com o que estamos familiarizados e sabemos que os outros sabem. Merleau-Ponty refere-se a essa atitude como cabeças vazias voltadas para o mundo.

EQUÍVOCO 6:
ATENÇÃO É FOCO

Quando ficamos preocupados com nossos filhos fazendo a lição de casa ou tentamos ensiná-los a usar uma vara de pesca, dizemos para "prestarem atenção". Quando sonhamos acordados durante o horário de trabalho, tentamos "focar" e direcionar nossa atenção de volta para a tela ou o fogão para o qual deveríamos estar olhando. A maioria de nós se distrai com as redes sociais e a enxurrada de e-mails que precisamos responder. Então presumimos que prestar atenção é aumentar o zoom em cada uma dessas coisas individuais. Atenção é a consciência de estar em apenas uma atividade ou um objetivo e a capacidade de remover todas as distrações que dificultam que se alcance esse objetivo.

Embora certamente essa seja uma maneira importante de pensar sobre atenção, Merleau-Ponty quer nos convencer de que há um jeito muito mais básico e importante de falar sobre ela. Ele acredita que nossa orientação geral para um mundo com o qual estamos profundamente familiarizados é um tipo mais básico e primordial de atenção. Atenção é como eu ando pela rua com um foco geral: estou focado em tudo sem me concentrar em nada. Sem colocar isso na linguagem, sei quais são as ruas e posso realizar com habilidade a tarefa altamente complexa de andar ou dirigir por elas sem que ninguém se machuque. Nossa percepção e nossa atenção não são fenômenos obscuros impossíveis de descrever ou observar. A percepção humana e nossa capacidade de observar são rápidas, mas não impenetráveis. O importante é que podemos olhar e ver a estrutura desse foco geral de atenção. Podemos estudar e observar o modo como estamos familiarizados com o mundo. O título deste livro era *Como Prestar Atenção* — mas acabou havendo um melhor e mais simples. O importante é que podemos aprender a observar e analisar como as outras pessoas prestam atenção no mundo. Essa é a meta-habilidade que Merleau-Ponty chama de hiper-reflexão.

PARTE DOIS

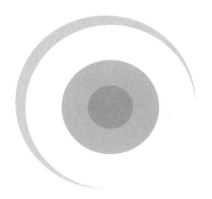

PRIMEIROS PASSOS

A GRANDE ESCAVAÇÃO

COMEÇANDO COM UMA OBSERVAÇÃO PURA

É pouco antes das 19h, e os alunos estão começando a entrar no auditório onde estou realizando nossa primeira aula de Observação Humana, na New School. Eles entram — formados em filosofia, estudantes de design da Parsons School of Design, engenheiros, músicos, artistas, doutorandos em religião e designers de experiência do usuário, todos curiosos sobre essa aula com título estranho e antiquado. Apesar de suas várias razões para se inscrever, a maioria tem uma coisa em comum: é naturalmente curiosa sobre o mundo e ansiosa por uma formação que lhes mostre como dar sentido a isso.

Mas antes que possamos começar, os alunos precisam se livrar das camadas empoeiradas do pensamento calcificado. Comparo isso a uma grande escavação. Precisamos eliminar clichês, o pensamento convencional, dogmas e qualquer outra camada teórica que esteja obscurecendo sua capacidade de observar diretamente o mundo. Em geral, se revela em interações assim:

EU: Nova York é um bom lugar para observar pessoas envolvidas em práticas sociais. É uma panela de pressão.

ALUNO 1: Você não quer dizer que Nova York é o exemplo ideal de um lugar para observar pessoas sendo exploradas pela América corporativa e pelo capitalismo tóxico?

EU: Bem, não. Na verdade, não quero dizer isso.

ALUNO 1: Mas observar qualquer um em Nova York é inevitavelmente observar um sistema econômico de desigualdade de renda que está crescendo a um ritmo mais rápido do que em qualquer outro momento na América desde a Era Dourada.

EU: Não quero começar nenhuma observação com uma declaração abrangente sobre desigualdade de renda. Você pode estar certo, mas quero começar uma discussão sobre observação usando uma observação real.

Vamos tentar de novo.

EU: Na realidade, em essência, esta é uma aula sobre percepção e atenção. Como prestamos atenção sem a interferência de suposições e preconceitos?

ALUNO 2: Por suposições e preconceitos, presumo que esteja falando sobre o viés liberal da mídia.

EU: Este curso tenta chegar a algo ainda mais profundo do que o preconceito humano. Não estamos vendo o que as pessoas pensam, mas como.

ALUNO 2: O que é mais profundo do que os preconceitos das instituições que nos dão nossas informações sobre o mundo?

EU: Você tira uma conclusão nisso que pergunta, mas agora não estamos concluindo. Estamos apenas fazendo uma observação pura. Vendo e ouvindo em busca de uma mudança. Ainda não sabemos se sua conclusão é verdadeira em qualquer contexto. Ainda não verificamos nada.

ALUNO 2: Não há uma observação pura. Tudo remonta a se estamos sendo alimentados com propaganda sobre os excessos do governo.

EU: Será? Será que *tudo*?

Certo — cena três:

EU: Quando queremos entender o comportamento humano — veja como exemplo um romance, um namoro e uma união —, precisamos começar com a observação.

ALUNO 3: Romance e namoro são completamente secundários para a autorrealização das pessoas de hoje.

EU: Como assim?

ALUNO 3: Basta ver a Hierarquia das Necessidades de Maslow. As pessoas buscam a iluminação mais do que buscam os conceitos antiquados de casamento e namoro.

EU: Conheço a Hierarquia das Necessidades de Maslow, mas estou muito mais interessado em ouvir sobre algo que você realmente observou.

ALUNO 3: Acho que as pessoas estão cansadas da cultura do Tinder. Todo mundo desliza o dedo para encontrar novas almas gêmeas em uma busca sem fim para alcançar a iluminação. Agora que não temos que lutar por comida ou abrigo, todos estão obcecados por alcançar o topo da pirâmide de Maslow.

EU: Um dos entrevistados lhe disse isso?

ALUNO 3: Ninguém tem que dizer isso. É assim que todos na minha geração se sentem.

E agora, da fileira de trás:

EU: Ao longo do curso, você sairá e começará sua própria prática de observação. Observará com atenção um pequeno número de indivíduos e seu contexto social.

ALUNO 4: Por que começaríamos com uma amostra de apenas dois ou três? Posso obter uma amostra de 2 bilhões de pessoas no Facebook. Não precisamos procurar, as máquinas fazem isso por nós.

EU: Você pode obter dados de 2 bilhões de pessoas. Mas o que está realmente observando?

ALUNO 4: Não importa o que estou observando. Dados são dados. Se milhões de pessoas estão fazendo isso, a escala deve falar por si só.

EU: Mas qual escala? O que isso significa?

ALUNO 4: Com amostras tão grandes, algoritmos de aprendizado de máquina podem me dizer o que significa. Está além do que o olho humano vê.

EU: O que há de errado em você mesmo olhar? O olho humano e os poderes de nossa observação humana são excepcionalmente adequados para discernir o significado e entender as mudanças na cultura. Precisamos usar grandes conjuntos de dados para validar se o que você observa é verdadeiro, mas só depois de observar com atenção para descobrir por onde começar. Estamos aqui para honrar a habilidade e praticar mais.

Como você provavelmente deve ter imaginado, o processo de escavação envolve desenterrar essas mentes jovens, espaná-las e expô-las ao mundo real das experiências vividas. Muitos alunos de hoje começam com uma estrutura pronta e preconcebida sobre como começar a observar. Muitas vezes, porque é isso que eles foram ensinados a fazer. Essas estruturas são as lentes através das quais eles percebem todos os fenômenos na palavra. Essas estruturas padronizadas vão da extrema-esquerda à extrema-direita: política de identidade, teoria marxista, livre mercado empreendedor, libertarianismo, e tudo mais. Na verdade, não é culpa deles, os alunos de hoje foram ensinados a não pensar (ver e ouvir), mas opinar. E agora, por causa da afirmação constante das redes sociais, eles são especialistas em passar ideias amplas e abstratas para explicar o comportamento humano.

Para o azar deles, nenhuma dessas estruturas tem qualquer utilidade se pretendemos estudar as experiências. Em vez de encontrar pontos de dados para encaixar uma história preconcebida, precisamos buscar uma compreensão genuína do contexto. Só então podemos formar uma opinião ou uma teoria.

Então, juntos no auditório, começamos o processo meticuloso de desenvolver habilidades de pensamento analítico. Para aqueles que gostam de tensão instantânea e conclusões rápidas, esse processo é desafiador. Livres das banalidades reconfortantes e sem uma noção clara do que percebem, os alunos passam a se sentir expostos e nus. Agora podemos começar o bom e velho trabalho difícil de realmente observar o mundo à nossa volta.

Não há absolutamente nada de errado em pesquisar amplamente em várias disciplinas e pontos de dados para ter uma melhor compreensão do comportamento humano. O processo de escavação é necessário somente quando esse entendimento começa e termina com estruturas abstratas organizadas ou com amostras em milhões e bilhões — "big data" analisado por algoritmos de aprendizado de máquina.

E se você acha que meus alunos têm respostas prontas que nublam observação direta, deve passar um tempo com as pessoas que trabalham nos Estados Unidos corporativo ou em grandes organizações do setor público segmentado. Analisei centenas de planos estratégicos para algumas das maiores corporações e instituições públicas do mundo, e as estruturas ideológicas, muitas vezes, são idênticas. Se é uma empresa de bebidas, um produtor de materiais de construção ou uma iniciativa global de cuidados de saúde, a estrutura, a linguagem, a principal análise, as evidências, os argumentos, as recomendações e até mesmo a tipografia dos gráficos são, muitas vezes, exatamente iguais. Todos nós, em organizações grandes e pequenas, podemos nos beneficiar de uma grande escavação.

....

Assim que temos esse processo em andamento, estamos bem posicionados para fazer uma observação pura. Agora é hora de escolher um fenômeno para observar.

Quando começamos, qualquer fenômeno humano serve. A cidade de Nova York está repleta de pessoas fazendo coisas interessantes, e tenho certeza que sua cidade também. Eu o encorajo, assim como a meus alunos, a começar a aprender a observar com algo que parece simples ou comum. Estamos apenas iniciando nossa prática, então é mais do que suficiente observar como os corpos se movem no espaço e percebem seu cotidiano. Inspire-se em Merleau-Ponty e observe com atenção as pessoas andando pela rua, entrando em uma sala segurando uma bebida ou se movendo pela cozinha enquanto cozinham. A partir dessas primeiras observações simples, comece a ter consciência do plano de fundo, ou da confusão, em sua prática. Para começar, aqui estão apenas algumas ideias que meus alunos exploraram. Você rapidamente encontrará a sua só observando sua rua, seu bairro, sua escola ou seu escritório.

A EXPERIÊNCIA DE FICAR DE PÉ E CONVERSAR EM GRUPOS

Tente observar uma sala com muitas pessoas conversando, como uma conferência ou um coquetel, e olhe os corpos tentando coordenar a distância apropriada para se posicionar. Meu aluno viu corpos constantemente se ajustando para ficar na distância ideal compartilhada. Um grupo de quatro pessoas precisa se ajustar quando uma nova chega. Elas mudam para uma posição confortável para todas as cinco que agora estão no grupo.

As pessoas também ajustarão o volume da voz à medida que a distância em pé muda. Todos os membros do grupo aumentarão ou suavizarão a voz, movendo-se centímetros para frente e para trás uns dos outros, para se sentirem confortáveis. Na maioria das vezes, nem sequer estão cientes desses ajustes constantes, mas é possível, e revelador, observar o movimento.

Agora veja se você pode fazer essas observações em um contexto em que as pessoas são de diferentes culturas: em uma reunião em um bar para assistir a um jogo da Copa do Mundo ou em um mercado ao ar livre com comida do mundo inteiro. Pessoas de algumas culturas gostam de estar relativamente distantes daquelas com quem conversam, já outras gostam de estar perto; algumas falam mais suavemente, mas outras preferem se expressar com volume e entusiasmo. Se você puder ir a um encontro internacional com pessoas de diferentes partes do mundo, tente observar como os diferentes estilos se coordenam entre si, sintonizando uns aos outros abaixo do limiar da consciência. Muitas vezes, as pessoas de culturas que ficam mais confortáveis distantes acabarão com as costas contra a parede conforme as pessoas que gostam de estar mais perto invadem seu espaço. Essa dança de distância e volume pode ser divertida de observar, mas também nos dá informações úteis sobre como modular nossa própria distância e volume.

A EXPERIÊNCIA DE SE MOVER EM UM MUSEU DE ARTE

No século XIX, museus europeus e norte-americanos muitas vezes eram criados como templos de arte visual, com colunas gregas e escadas monumentais. O Metropolitan Museum of Art em Nova York ou o British Museum em Londres são exemplos de uma abordagem magistral para mostrar arte. Mas hoje, diretores de museus e arquitetos seguem a linha da democratização da arte, construindo museus que são mais como um mercado ou um shopping, onde as pessoas podem interagir com a arte como quiserem. LACMA, o Los Angeles County Museum of Art, é um excelente exemplo desse novo tipo de museu de arte para as pessoas. Lá, a ideia é a de que uma relação humana mais direta com a arte pode substituir a reverência e o respeito ultrapassados que a arquitetura do século XIX promovia.

Um de meus alunos observou diretamente as pessoas em um museu e notou o que mudava entre os corpos, a obra de arte e o espaço. Você também pode fazer isso em um museu em sua cidade. Fique em um canto de um museu de arte em que haja a exposição de pinturas, esculturas ou qualquer outra arte. Vinte anos atrás, os frequentadores de museus se moviam pela sala tentando chegar perto o suficiente e no ângulo certo para apreciar a obra de arte. Esses corpos buscavam o domínio ideal de Merleau-Ponty, ao mesmo tempo em que se sintonizavam com uma distância cultural apropriada para visualizar a arte. Essa dança inconsciente era comum em museus de arte do mundo inteiro.

Hoje, se você reservar um tempo para ficar nos mesmos museus, verá uma cena muito diferente. A arte, a sala e a quantidade de pessoas são iguais, mas a dança é completamente diferente. Os corpos não tentam mais ficar na posição correta para apreciar a arte. Na verdade, a arte não é mais o tema central do museu. Meu aluno viu que o princípio organizador primário dos museus não é mais físico: é digital. Os corpos na sala não tentam ficar na posição perfeita para vivenciar a arte; ao contrário, as pessoas posicionam seus corpos para que os outros as vejam vivenciando a arte. Não é por causa de um novo layout ou de mudanças no design; é por causa das câmeras em nossos celulares. Quando você pergunta às pessoas por que elas visitam o museu, elas dizem: "Eu quero levar algo comigo para casa. Quero criar memórias". A visita não é mais sobre apreciar arte, é sobre as memórias criadas por meio da documentação da visita. O domínio ideal é alcançado em torno da lente da câmera, não em torno de vivenciar a arte em si.

A EXPERIÊNCIA DE DORMIR NAS RUAS

A maioria das grandes cidades norte-americanas hoje luta com uma população de sem-tetos. Dormir nas ruas não deveria fazer parte de nenhuma sociedade próspera, e nós lutamos para entender o que fazer sobre isso. Um de meus alunos escolheu "dormir nas ruas" como um fenômeno para estudar. Ele saiu para várias longas sessões de observação entre meia-noite e 4h da manhã. Quando saiu, observou pessoas que optaram por não dormir em um abrigo ou pessoas que não conseguiram chegar ao abrigo antes de ele fechar as portas às 21h.

A primeira observação que meu aluno fez foi a *luz*. As ruas da cidade à noite não são escuras; luzes de rua intensas e brilhantes as iluminam. Acontece que a luz é uma coisa boa, porque dormir no escuro é perigoso. As pessoas se amontoam nos pontos mais brilhantes das ruas para ficarem seguras. A luz as mantém a salvo do perigo dos outros na rua, sobretudo das pessoas que se comportam de forma estranha.

A próxima percepção que ele teve foi com relação ao *som*. Enquanto o resto de nós dorme, a cidade está atarefada construindo, limpando com mangueiras gigantes e recolhendo lixo. É cheia de ruídos altos de automóveis passando, coisas arrastando, empurrando e perfurando.

A última observação que ele fez foi sobre o *cheiro*. Por causa da remoção de lixo com comida fermentando por dias em sacos de lixo, o odor é intenso. Meu aluno descreveu o cheiro como o de cárie dentária, o mesmo cheiro de cadáveres descobertos por muito tempo. A intensidade dessas três experiências sensoriais — luz brilhante, barulhos e cheiro de decomposição — pode ajudar a explicar por que as pessoas nas ruas dormem tão pouco.

Se você inicia esse processo de observação com indignação, raiva ou arrogância, usando a lente do anticapitalismo, da justiça social ou do libertarianismo, começa com uma ideologia, não com a observação. Isso significa que é hora de ir para casa e tentar em outra noite. Lembre-se, você está buscando uma observação pura e direta: sua opinião baseada na sabedoria recebida não é o ponto. Você não está procurando alguém para culpar ou uma solução para consertar o que está vendo — o que pode acontecer mais tarde. Primeiro dê uma olhada. Veja o que pode aprender com o que vê.

Começar com uma observação cuidadosa sobre o fenômeno irá prepará-lo melhor para chegar a insights úteis sobre o que fazer. Se começar lendo dezenas de artigos ou pegando estruturas teóricas, pulará a base essencial da compreensão. Toda essa coleta de dados virá em um momento oportuno. Mas primeiro pause, observe, preste atenção. Não tome uma decisão, apenas olhe.

Se você experimentar versões desses exercícios e sentir que está pronto para mais, poderá começar a observar contextos sociais complexos em diferentes lugares ou comunidades e tentar encontrar padrões maiores. Foi isso que uma de minhas alunas fez quando decidiu estudar o fenômeno da "jam session".

A EXPERIÊNCIA DE UMA JAM SESSION

A aluna foi para o B Flat, o clube de jazz japonês underground no centro de Manhattan, muito depois da meia-noite. Em qualquer outra noite, ela entraria nessa meca da música para ouvir o jazz que amava. Mas esta noite, ela estava lá para observar o plano de fundo e o primeiro plano, o dos músicos. No contexto da cultura infinitamente complexa do jazz, ela poderia discernir as diferentes maneiras como os músicos se viam e tocavam juntos em uma jam session?

O B Flat é como uma homenagem a cigarros apagados há muito tempo, e a iluminação faz com que todos pareçam roxos e com hematomas. Apesar de tudo isso, esse clube discreto é indiscutivelmente o centro do mundo da música de Nova York. Músicos aventureiros e altamente qualificados de todo o mundo vêm aqui. Não é pela alegria de tocar ou pelo amor à música. Tudo isso acontece aqui, mas a aluna descobriu que isso era secundário a um fenômeno mais primário: ser visto.

No andar debaixo, estavam os músicos com seus contrabaixos, suas guitarras, seus pratos e metais. A aluna observou como cada novo músico verificava a vibração na sala. Tudo acontecia com gestos, estilos de tocar e expressões sutis de musicalidade e habilidade. O cérebro humano não consegue processar de forma consciente tudo que acontece — cada movimento, escolha estilística, flexibilidade na habilidade de outros músicos e uma vasta história de interpretação estilística —, mas os melhores músicos têm um fluxo perfeito. Quando a música é boa, eles deixam a mente livre por completo e tocam com o corpo. De repente, várias horas se passaram.

Alguns músicos chamam essa habilidade estranha e altamente complexa de "ouvido". Ouvido não é apenas sobre ouvir as progressões de acordes e a sonoridade, mas é a leitura de todo o cenário, a sala e os outros músicos, de uma só vez. Como a experiência de Gil Ash, o plano de fundo diminui para os músicos com "ouvido". Seu foco de atenção em tudo e nada lhes permite ouvir um celular em câmera lenta na plateia. Dá tempo para um dos músicos ecoar o som com seu trompete e lançá-lo de volta para os outros. Então, como se o tempo tivesse parado, o retorno do trompete é captado pelo baixo e pelo piano, e ambos o repetem, adicionando floreios de outras jams de jazz que também incorporaram toques de celular. O grupo de músicos, então, pega essa mistura de padrões e sons e joga tudo de volta um para o outro como uma repetição — bonita e absurda.

Quanto tempo levou toda essa improvisação? Menos de um segundo ou toda a história do jazz. Ambos e nenhum. Esta é a maravilha do foco de atenção do ser humano. A minúcia e a complexidade do que acontece nesse plano de fundo criam todo o contexto sobre como os ouvintes, como a aluna, entendem a música da noite.

O que atrai as pessoas para um espaço como o B Flat é essa interação, é mais do que apenas tocar música juntos. Depois de uma observação aprofundada, a aluna finalmente concluiu que era sobre a esperança e o medo de ser visto pelas pessoas certas na luz certa. Uma ótima jam session é sobre trazer a referência certa de uma jam session do passado para o momento certo aqui e agora. E conseguir tudo com habilidade técnica e desenvoltura. O que a aluna observou é uma "cena", um mundo de práticas contextuais compartilhado. Uma avaliação perspicaz da confusão do jazz no B Flat leva qualquer músico longe, mas só se ele também tem os meios para entrar lá e tocar.

Esse fenômeno de *ser visto* — um desejo de se destacar do plano de fundo no contexto compartilhado — é comum em muitos mundos sociais. É diferente de tentar fazer as pessoas notarem você com atos estranhos ou receber uma atenção indesejada, por exemplo, uma vaia. *Ser visto* significa se mover com confiança em um mundo compartilhado e fazer contribuições que melhoram ou inovam esse mundo. *Ser visto* é receber a atenção humana mais sofisticada e engajada. É um sentimento de profundo pertencimento e de respeito vindo de seus colegas, mentores e do público.

Todo mundo, não importa a cena, quer *ser visto* de alguma forma. Isso ocorre porque todos os seres humanos existem em mundos sociais compartilhados. Aqueles que se sentem exilados ou se desconectam de nossa comunidade (portadores de transtornos mentais, sem-tetos ou desprovidos de direitos) estão desesperados por essa visibilidade. Eles anseiam ser vistos, para receber essa forma mais elevada de atenção humana.

Outro exemplo sobre "ser visto" vem da comunidade de surfistas que William Finnegan descreve com muita eloquência em seu livro de memórias, vencedor do Prêmio Pulitzer, *Barbarian Days*. O surfe está longe de ser um esporte de equipe, e Finnegan é o primeiro a dizer que "você poderia surfar com os amigos, mas quando as ondas ficavam grandes ou um problema surgia, ninguém nunca estava por perto".

Apesar desse isolamento, o surfe é basicamente um mundo social, uma maneira de *ser visto* em um conjunto compartilhado de práticas contextuais. É aqui que entra o estilo. O amigo de Finnegan alega que o surfe é uma prática religiosa, mas ele não acredita nisso. Não há divindade, apenas o desempenho do surfe em si.

> Estilo era tudo no surfe: a graciosidade dos movimentos, a rapidez das reações, a inteligência das soluções para os desafios enfrentados, a profundidade das curvas fechadas e seus giros perfeitamente conectados, até mesmo o que você fez com as mãos. Os grandes surfistas podem fazer você suspirar com a beleza do que eles fizeram. Podem fazer os movimentos mais difíceis parecerem fáceis. O poder casual, a graça notória sob pressão, esses eram nossos ideais de beleza.

Surfistas, músicos, atores, apresentadores, locutores de rádio, todas essas e muitas outras vocações e carreiras envolvem a intensidade do palco. Seus colegas não estão apenas julgando sua proficiência técnica, eles estão julgando seu estilo. Quando você sair para observar as pessoas em comunidades em todo o mundo, encontrará coisas particulares e universais. Cada cultura local tem suas próprias complexidades e peculiaridades, é claro, mas muitas vezes haverá universalidades nas comunidades. "Ser visto" e "buscar prestígio" são fenômenos observáveis que ocorrem em todas as culturas e sociedades.

Outro fenômeno observável em todas as culturas é nossa relação com a morte. Uma de minhas equipes de alunos observou práticas sociais em relação a defuntos em Nova York e na Califórnia. Ao visitar a Ilha Hart, no Bronx, o único cemitério municipal da cidade de Nova York, ou o "cemitério de indigentes", bem como funerárias em Los Angeles, eles descobriram que havia uma porta da frente e uma porta dos fundos para as práticas do mundo. A frente envolvia rituais de luto — alguns elaborados, como caixões de mogno escuro e maquiagem com uma paleta de cores específica para os cadáveres —, já a porta dos fundos envolvia grandes máquinas de refrigeração, software de gerenciamento de logística e transporte para levar os corpos de um lugar para outro. Sua observação direta abriu portais para vários mundos compartilhados, todos ao mesmo tempo. Nossas observações mais astutas geralmente resultam de ver pontos de fissura entre dois mundos, um choque entre o reverente serviço memorial no andar de cima da funerária, por exemplo, e um sistema de refrigeração para os cadáveres no porão.

Alguns de meus alunos aprendem mais quando se esforçam até para começar. Avinash, um norte-americano criado em uma família do sul da Índia, matriculou-se em meu curso, porque tirou uma folga do trabalho para fazer seu mestrado em ficção, na New School. Quando mandei que fosse para a cidade passar um mês observando um fenômeno, as primeiras experiências de Avinash foram desorientadoras. Como engenheiro altamente qualificado com mais de uma década de experiência no setor de tecnologia, ele habitualmente observava suas interações por meio de uma estrutura de utilidade: qual é a intenção desse processo ou dessa ferramenta, e como a intenção é usada? Embora esse treinamento fosse necessário para ser engenheiro, isso atrapalhou sua capacidade de buscar uma observação direta. Avinash teve que deixar de lado a abordagem da engenharia para pausar e olhar.

Ele escolheu observar uma instalação alusiva à extinção do rinoceronte-branco do norte em um cruzamento emblemático em Nova York. A escultura apresentava três rinocerontes em pé, um sobre o outro, como acrobatas. Em 2018, quando a escultura foi erguida, havia apenas três rinocerontes-brancos no mundo. Por causa de caçadores ilegais, a espécie será totalmente extinta quando os últimos três morrerem. Avinash queria descrever a experiência que as pessoas tinham ao visitar a instalação. Mas qual era essa experiência? E por que elas passavam por isso?

Quando Avinash parou diante da escultura em Astor Place, ficou confuso, ele me disse mais tarde. Em que deveria prestar atenção? Ele notou turistas tirando selfies com as esculturas. No local, as pessoas pediam fundos para o World Wildlife Fund e outros grupos de conservação, usando seus celulares e tablets para registrar as doações. Aquilo era importante? Ele tentou seguir os feeds das redes sociais e hashtags dos visitantes e fez anotações sobre o que eles postavam depois de visitar a instalação.

Mas todas essas partes não levavam a um todo significativo. Avinash se sentia divagando. À medida que fazia cada vez mais visitas ao local para observar, começou a sentir que estava perdendo seu tempo. Ele decidiu usar suas habilidades como escritor de ficção para fugir do desconforto que sentia. Sem falar com ninguém no local, ele se sentou em um banco e começou a escrever uma história sobre a perda dos rinocerontes. Quando li, disse-lhe que era uma boa história e um trabalho de fenomenologia ruim. Ele se perdeu em uma ideia abstrata que não tinha nada a ver com o que acontecia na sua frente. Eu disse: pare de pensar e olhe em volta. Retire os conceitos abstratos e as categorias de pensamento que o impedem de se envolver diretamente com o mundo. "Para a coisa em si."

Avinash tentou de novo, mas desta vez não abordou a instalação com uma ideia de história. Não olhou os materiais e os concebeu como recursos a serem explorados. Ele se inspirou em Merleau-Ponty e tentou observar o local a partir de seu próprio corpo. Como ele estava posicionado em relação à escultura? Como estavam os outros? De repente, diante de seus olhos, começou a surgir uma estrutura social. Ele começou a ver que havia uma coreografia sofisticada nos movimentos dos corpos ao seu redor quando ficou parado tempo suficiente para observá-la. Os voluntários do World Wildlife Fund abordavam as pessoas de diferentes maneiras, e, com base na parte física de sua abordagem, alguns tinham mais sucesso em pedir doações que outros. Quanto mais Avinash observava, mais conseguia discernir o padrão. Os voluntários mais agressivos abordavam os nova-iorquinos entrando diretamente em sua esfera de espaço pessoal. Isso inevitavelmente resultava na pessoa ocupada se afastando com um gesto ou um aceno de cabeça, nada além disso. Repetidas vezes, quando a pessoa que pedia dinheiro dava um passo à frente, a pessoa recuava.

O outro grupo de voluntários do WWF ficava na borda de seu próprio espaço pessoal, com sorrisos e gestos amigáveis para interagir com as pessoas e falar com elas. Seu charme fazia muitas pessoas pararem por um momento, mas quase todas rapidamente seguiam em frente sem dar nenhum dinheiro.

Então Avinash notou algo incomum. Os voluntários que permaneciam conversando com as pessoas por alguns minutos — que pareciam receber não apenas a atenção das pessoas, mas seus dólares — recuavam no início da conversa. Dando um passo para trás, eles convidavam as pessoas com quem estavam conversando a dar um passo à frente. Essa pequena dança de dois passos dava à troca um tom de reciprocidade. Os voluntários não invadiam o espaço da outra pessoa e pediam; ao contrário, ofereciam seu conhecimento e sua paixão em troca de uma doação. Era uma conversa, e não um discurso. Quando Avinash continuou com mais observações, todos os indicadores de sucesso — tempo gasto discutindo, relevância para ambas as partes e, finalmente, mais dinheiro doado para o WWF — ficaram evidentes.

Depois de observar o que funcionava e não funcionava, Avinash conversou com os voluntários. Ficou claro que eles não haviam pensado sobre sua técnica ou quais abordagens eram mais bem-sucedidas. Mas quando ele compartilhou o que tinha observado, os voluntários começaram a experimentar suas ideias. Cada vez mais, tentaram a dança de dois passos, e, para sua alegria, cada vez mais dinheiro foi levantado em nome dos últimos rinocerontes-brancos.

....

Quando iniciou sua observação, Avinash não sabia o que estava procurando e ansiava desesperadamente por começar com uma ideia. Mas quando você começa com um modelo, uma hipótese, ideias ou suposições, muitas vezes, toma atalhos para decidir ver exatamente essa coisa. Por outro lado, quando começa com "a coisa em si", quando aborda o processo com uma observação direta, está eliminando todas as convenções e as presunções de suas percepções. E na quietude dessa ruptura pura, pode muito bem ver algo nunca visto antes.

ENSAIOS E REFLEXÕES

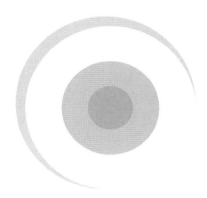

EXERCÍCIOS PARA INSPIRAR SUA PRÁTICA

UMA INOVAÇÃO AO VER

USANDO A LENTE DA DÚVIDA

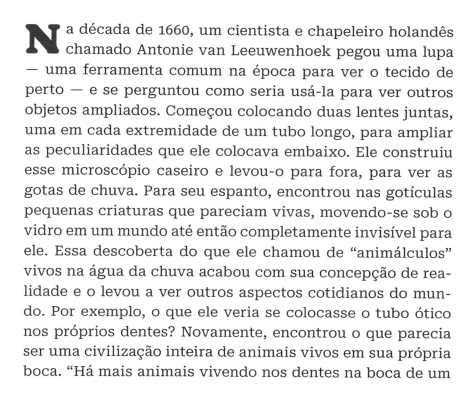

Na década de 1660, um cientista e chapeleiro holandês chamado Antonie van Leeuwenhoek pegou uma lupa — uma ferramenta comum na época para ver o tecido de perto — e se perguntou como seria usá-la para ver outros objetos ampliados. Começou colocando duas lentes juntas, uma em cada extremidade de um tubo longo, para ampliar as peculiaridades que ele colocava embaixo. Ele construiu esse microscópio caseiro e levou-o para fora, para ver as gotas de chuva. Para seu espanto, encontrou nas gotículas pequenas criaturas que pareciam vivas, movendo-se sob o vidro em um mundo até então completamente invisível para ele. Essa descoberta do que ele chamou de "animálculos" vivos na água da chuva acabou com sua concepção de realidade e o levou a ver outros aspectos cotidianos do mundo. Por exemplo, o que ele veria se colocasse o tubo ótico nos próprios dentes? Novamente, encontrou o que parecia ser uma civilização inteira de animais vivos em sua própria boca. "Há mais animais vivendo nos dentes na boca de um homem do que há homens em todo um reino", escreveu ele em seu caderno em 1683.

Hoje, claro, reconhecemos que Leeuwenhoek foi uma das primeiras pessoas a registrar a descoberta de protozoários, ou organismos unicelulares, uma ocorrência possível apenas com a inovação ótica da microscopia. Essa mudança de percepção nos permitiu reconhecer a presença da microbiologia invisível, mas potente, que faz parte de todos nós o tempo inteiro. Com a invenção do microscópio, os seres humanos foram forçados a admitir que um mundo muito menor, e ainda grandioso, era ubíquo e universal. Além do mais, tinha um talento criativo para a sobrevivência, excedendo em muito o de qualquer genialidade humana.

Assim como a invenção do microscópio permitiu aos cientistas uma visão ampliada e ver a realidade como ela existia em menor escala, outras inovações na ótica e na fabricação de lentes levaram a grandes descobertas na telescopia à medida que os cientistas buscavam ver além do mundo humano, no universo acima. No jardim de uma casa geminada de três andares em Bath, Inglaterra, em 1781, um autodidata com afinidade para astronomia observava do lado de fora o céu noturno com um telescópio que ele havia criado a partir de um espelho de metal caseiro medindo 15 centímetros de diâmetro. Com seu telescópio inovador, o jovem astrônomo William Herschel observou meticulosamente o céu noturno por meses a fio, estação após estação. Em 13 de março daquele ano, Herschel viu algo pelas lentes de seu telescópio — o instrumento mais poderoso no Ocidente da época — que ele não conseguiu identificar de imediato. Ele o descreveu como um "cometa", mas uma observação mais aprofundada do fenômeno ao longo de muitas noites resultou em notas contraditórias em seu diário de observação. O "cometa" não tinha cabeleira nem cauda. Ele teve o cuidado de não anunciar sua descoberta por muitos dias, e seus diários registram apenas seus cálculos constantes e suas observações cautelosas. Em 22 de março, ele procurou um colega no mundo da astronomia e descreveu sua descoberta. À medida que mais e mais astrônomos britânicos ponderavam, prejudicados por telescópios muito menos poderosos do que os de Herschel, a comunidade científica chegou a um consenso. William Herschel tinha visto o que ninguém mais havia testemunhado desde Ptolomeu: um novo planeta, que acabou sendo chamado de Urano, segundo a antiga divindade grega do céu.

A descoberta de Herschel, e as muitas observações que levaram a ela, mudou muito mais do que apenas a compreensão da sociedade sobre o número de planetas. Com seu meticuloso processo científico, o mundo começou a conceber um universo muito maior e mais imenso do que se pensava possível. Considerando que antes os conceitos do infinito eram reservados à contemplação religiosa e à conjectura matemática, agora os cientistas do mundo físico abriam a mente para suas possibilidades. O telescópio de Herschel nos mostrou que, em vez de existirmos em um universo coeso, onde estrelas e planetas eram bem próximos, mas também muito pequenos, somos, de fato, parte de um universo imenso que é tudo, menos coeso. Na verdade, não há um fim conhecido para o Universo, e ele está em constante mudança. Em um piscar de olhos, a escala da vida humana foi subitamente exposta como quase insignificante ao lado desse recém-visível "Grande Universo".

Os avanços óticos nos mostraram que somos maiores e menores do que imaginamos, atores em um cenário para a maior das escalas temporais. O que vemos e como vemos mudam nossa própria compreensão do papel da humanidade em nosso mundo. Por isso, há outro avanço na percepção que está entre os momentos mais importantes da ciência na ótica. É a história de uma disrupção técnica que expandiu radicalmente nossas percepções. O líder dissidente no comando dessa inovação, um físico alemão chamado Franz Boas, desenvolveu uma abordagem inovadora que nos permitiu ver e analisar *outras culturas*. Sua disrupção, que mudou a humanidade tanto quanto a descoberta de Urano ou dos protozoários, foi descartar a suposição da superioridade dos valores ocidentais e propor uma maneira de ouvir e ver verdadeiramente as outras pessoas. Essa nova lente de entendimento foi um desenvolvimento radical nascido do treinamento de Boas no método científico. Embora não seja citado com frequência como uma inovação ótica, nenhum avanço na era da ciência moderna mudou tanto a maneira como vemos as culturas — a nossa e a dos outros. Ele formou a estrutura para o campo de estudo que agora chamamos de antropologia.

A herança intelectual de Franz Boas — sem contar o grupo de cientistas sociais rebeldes que ele orientou — está agora tão integrada em nosso dia a dia que é difícil até imaginar o mundo como ele o viu e sentiu quando começou sua pesquisa no final do século XIX. Quando saiu da Alemanha e foi para a Ilha Baffin, no Círculo Ártico, para estudar os padrões de migração das pessoas de lá, era um físico treinado pela academia. No período em que iniciou sua carreira e começou a ensinar na Universidade de Columbia, no início do século XX, as concepções do desenvolvimento humano pareciam muito diferentes, se comparadas às de hoje. A raça ainda era concebida como destino biológico; traços sexuais e comportamentais eram considerados fixos; quem imigrava para os Estados Unidos era suspeito, carregando doenças e desvios; e doentes mentais eram lobotomizados "por benevolência" para tirá-los da miséria de sua existência, assim como do resto da sociedade. O papel do cientista em tudo isso era se distanciar dos detritos da humanidade e da cultura e categorizar como cada um era mapeado em um ciclo de evolução social. O estudo da humanidade era encontrar o lugar de um grupo em uma linha reta começando na selvageria, passando pela barbárie, e, finalmente, apenas para aqueles considerados brancos e descendentes de europeus o suficiente, a ponta da flecha chegava no estado mais elevado da humanidade: a civilização europeia.

Essa era a lente teórica que os etólogos do início do século XX tinham em mente quando saíam em campo para coletar seus dados. Foi essa hipótese que determinou o que era digno de observação e lhes mostrou como tirar conclusões sobre o que tinham visto. Boas, no início de sua carreira, estava mergulhado nessa mesma ideologia, apesar de uma sensação crescente, ao longo dos primeiros anos de trabalho de campo, de conflito com as observações diretas que ele fazia. Por exemplo, se ele coletasse um arco usado pelos membros de uma comunidade indígena, como os Kwakiutl, a noroeste do Pacífico no Canadá, os contemporâneos de Boas o percebiam como um objeto que se encaixava em algum lugar no capítulo "bárbaro" da evolução social. A evidência era catalogada e exibida nos museus: os visitantes eram até levados de sala em sala em uma marcha linear do progresso do homem até finalmente terminar com artefatos exibindo ferramentas e a tecnologia da "civilização" da Europa Ocidental.

Hoje ainda vemos muitos vestígios dessas ideias moralmente vazias, algumas até no próprio campo da antropologia, mas também podemos reconhecer o quanto isso mudou. A cultura já foi vista como absoluta, preservada em âmbar, e as pessoas foram estudadas e medidas apenas para determinar o sucesso que tiveram ao replicar os hábitos e costumes da pessoa que faz a observação. O cientista observador estava apenas em um lado do vidro, com o objeto de estudo, o "povo", do outro.

Mas no início de seu trabalho como pesquisador de campo com os inuítes na Ilha Baffin, bem como com os Kwakiutl no noroeste do Pacífico, Boas vivenciou de tudo, exceto um conjunto de verdades universais e estáticas da "cultura". Ao contrário, ele vivia com uma desorientação constante da percepção durante sua imersão em outra cultura. Ao estudar o fenômeno da "ignorância sonora", por exemplo, que é a incapacidade dos ouvintes de perceber distinções em certas palavras, ele inicialmente pressupôs que identificaria uma maior ignorância sonora nos "povos primitivos" estudados, porque eles não usavam uma pronúncia ou uma ortografia definida pela palavra escrita. Porém, o que ele descobriu foi que cada um de nós "percebe os sons desconhecidos por meio dos sons de sua própria linguagem". Ou seja, a ignorância sonora existe em todas as culturas e em todas as pessoas, porque a maioria de nós tende a perceber e interpretar novas experiências pela lente que nos parece mais familiar.

Essas observações forçaram Boas a reconsiderar as suposições da comunidade científica de que os seres humanos são expressões de tipos biológicos imutáveis. Ao contrário, quando ele se dedicou cada vez mais a processar suas observações empíricas, encontrou uma interpretação mais precisa de seu trabalho de campo. Os seres humanos, observou, são infinitamente adaptáveis e estão em constante mudança em seus corpos individuais e nas comunidades criadas. Com a certeza da evidência à sua frente, ele se tornou defensor de uma nova e mais precisa compreensão das culturas humanas.

Essa disciplina "não será frutífera até que renunciemos ao esforço inútil de construir uma história sistemática e uniforme da evolução da cultura", escreveu ele a seus colegas. Boas estava pronto para deixar de lado as grandes teorias abrangentes, as histórias de progresso e a evolução da civilização humana. Ele passou a liderar uma disciplina que exigia que o antropólogo se despojasse o máximo possível de suas próprias suposições, ouvindo não os sons de sua própria linguagem, mas os sons da outra.

No início do século XX, Boas era chefe do departamento de antropologia em sua fase inicial, e pouco financiado, da Universidade de Columbia, onde dava aulas para alunas no Barnard College antes de ir para a Broadway e ensinar para os alunos de pós-graduação, a maioria do sexo masculino, em Columbia. Em todas as aulas, ele desconstruía os alunos. Em vez de lhes dar estruturas teóricas ou ideologias, ele os mandava concluir projetos de pesquisa avançados e independentes. Ele sustentava que, como alunos dele, eles tinham dois objetivos principais: observar e reunir observações empíricas. Isso, dizia aos alunos, era fazer ciência de verdade. Saia e olhe ao redor, mergulhe em suas observações e, depois, somente depois de passar um bom tempo imerso em seu trabalho de campo, comece a formular uma análise.

Ao enviar seus alunos para coletar observações empíricas primeiro, sem qualquer suposição ou ideia predeterminada do que eles poderiam ver, Boas os forçava a fazer perguntas essenciais sobre o método científico. Como observamos os fenômenos antes mesmo de saber o que estamos vendo? Quais preconceitos mudam o modo como observamos as coisas? É certo começar com um conjunto de ideias, em vez de começar do zero e ver onde nosso trabalho nos leva? Em quais situações é aceitável começar com uma hipótese e testá-la? Em quais situações é melhor não ter preconceitos? A disrupção que Boas estava desenvolvendo precisava de um raciocínio apropriado para divisões e contextos ilimitados. A única maneira de ver a cultura, argumentou Boas, era identificar um modo de observar um novo contexto. A lente usada foi chamada de raciocínio abdutivo, mas poderia ser chamada simplesmente de "dúvida".

....

No final dos anos 1800, o filósofo e lógico norte-americano Charles Sanders Peirce, um gigante do movimento conhecido como pragmatismo americano, fez várias palestras. Elas o tornaram famoso, porque ele encontrou um jeito de definir os três tipos de raciocínio que usamos para resolver problemas. A maioria de nós está familiarizada com os dois primeiros: dedução e indução. Dedução é fazer inferências onde a verdade de suas premissas assegura a verdade de suas conclusões: se isto, então aquilo. Já a indução é uma maneira de tirar conclusões de uma série de observações. Tanto a dedução quanto a indução são fundamentais para as ciências naturais ou sociais. Mas com a ideia de abdução, Peirce introduziu o pensamento de que há um tipo de raciocínio menos estruturado, mas no centro do insight. Não é melhor nem pior do que a indução ou a dedução, mas diferente. "A sugestão abdutiva chega até nós como um flash, mas não é um flash disponível para todos", argumentou. "É um ato de insight, embora seja um insight extremamente falho. É verdade que os diferentes elementos da hipótese estavam em nossa mente antes, mas é a ideia de reunir o que nunca antes havíamos sonhado em conectar que mostra a nova sugestão diante de nossa contemplação."

Abdução, indução e dedução são apropriadas para diferentes níveis de certeza. A dedução pressupõe que sabemos com alguma certeza que uma lei abstrata e geral (como em matemática ou física) é verdadeira. A indução tem uma hipótese de trabalho do que pode ser verdade e usa experimentos para testar essa hipótese. A abdução é muito mais obscura. Quando estamos imersos em um tópico ou em um conjunto de dados por tempo suficiente, flashes de insight parecem surgir do nada. A nova teoria de Charlin Darwin explicando a variação nos animais, a ideia da "seleção natural", aconteceu em um flash durante a viagem para o Chile. Quando ele viu um vulcão com suas camadas de informações ecológicas e geológicas, a observação lhe deu um princípio organizador de todos os dados que ele coletou. Se não fosse por sua coleção obsessiva e organizada de tartarugas e bicos de pássaros por muitos anos, essa visão abdutiva nunca teria acontecido. Mas o processo não era linear, como um raciocínio dedutivo ou indutivo. Era uma experiência do tipo "Eureca", em que todos os dados coletados ao longo de anos de repente fizeram sentido.

Peirce sustentava que apenas o raciocínio abdutivo nos permitiria observar um contexto e chegar a uma nova ideia sobre ele. A dedução, de fato, desenvolvia uma hipótese, mas era incapaz de incorporar informações verdadeiramente novas e desafiadoras. E a razão indutiva limitava o observador a um conjunto de crenças — úteis para certos problemas com conjuntos "conhecidos" e "desconhecidos", mas inúteis para problemas envolvendo cultura e comportamento. Cada um desses três raciocínios tem um papel importante a desempenhar na compreensão do mundo. Seria absurdo sugerir que o raciocínio abdutivo é melhor ou pior do que o indutivo ou o dedutivo. São formas diferentes de raciocinar cientificamente. Um raciocínio abdutivo sem o rigor de testes empíricos e experimentos organizados seria imprudente. O processo de falsificação da percepção abdutiva não é apenas necessário, mas também esclarecedor. O que Peirce ofereceu, em essência, foi simplesmente uma maneira de considerar a existência do raciocínio abdutivo e o fato de que era particularmente adequado para contextos com alto grau de incerteza.

Embora centenas de anos anteriores tivessem sido sobre o desenvolvimento da ciência e a crença de que a dedução poderia conquistar qualquer coisa, Peirce, em sua "Primeira Regra da Lógica", escrita em 1898, questionou o que pensávamos que sabíamos. "Não bloqueie o caminho da investigação", dizia ele a seus alunos. O processo dessa investigação deixava espaço para se fazer mais perguntas e mantinha os julgamentos a distância. Ansiamos por chegar à gestalt da coerência, ao instante do julgamento, mas a dúvida é necessária quando observamos diretamente outras pessoas. Peirce se referiu a essa dúvida necessária como um estado de espírito inquieto e insatisfeito. Ele argumentava que é nosso desconforto com a dúvida, não a falta de acesso ao conhecimento, que nos leva a nos apegar a ideias desatualizadas, tolas e, em muitos casos, moralmente falidas. Para melhor ou para pior, o raciocínio abdutivo é *desconfortável*. Boas sentiu isso quando mergulhou na vida das pessoas na Ilha Baffin. O que ele estava procurando? Seu insight era uma nova forma de olhar, mas ele ainda não estava pronto para dar um nome a isso. Primeiro ele precisava ter a sensação desconfortável da dúvida, a sensação constrangedora de que ele estava perdendo a cabeça, de que não estava vendo a imagem completa.

Ele incentivou seus alunos a buscar essa mesma desorientação, o estado confuso de ser que precede os insights obtidos com o raciocínio abdutivo. Isso deu a seus protegidos permissão para deixar de lado suposições e preconceitos e se envolver diretamente com seus próprios dados. Um a um, os alunos começaram a derrubar os clichês equivocados e desumanos aceitos como verdades em toda a comunidade do campo.

Margaret Mead, uma das primeiras alunas de Boas, usou uma inovação recente no campo chamada etnografia participativa, ou imersão total na vida e na comunidade de um povo, para fazer perguntas sobre um grupo de pessoas antes considerado irrelevante para os cientistas do sexo masculino: mulheres e meninas. Durante a realização do trabalho de campo em Samoa, Mead teve conversas mensais com as jovens que se sentavam do lado de fora de seu alojamento e discutiu sobre tudo, desde sexo e masturbação até infidelidade, liberdade e autonomia. Em suas cartas para a amiga, admiradora e colega antropóloga Ruth Benedict, ela expressou o medo de que poderia, de fato, ser uma péssima pesquisadora. Nessas conversas imersivas, Mead disse que muito raramente tinha tempo para catalogar e anotar os rituais e as cerimônias que seus colegas no campo presumiam ser o material real da cultura. No entanto, quando suas centenas de cadernos foram coletados e ela ficou com os dados diante de si por um tempo, começaram a surgir insights poderosos.

Um dos mais convincentes foi o de que talvez catalogar a cultura nem sempre fosse a melhor maneira de entendê-la. Os tabus, as regras e os eventos que Mead supunha conduzir o comportamento das meninas pareciam bem menos rígidos e indiferentes à observação e à imersão reais. As meninas que ela estava conhecendo não pareciam obrigadas a ideias rígidas e inflexíveis sobre quem elas poderiam ser, deveriam ser ou talvez fossem. Pelo contrário, sua experiência da cultura samoana é mais improvisada e baseada em contextos individuais. A cultura, descobriu-se, não era apenas sobre coletar cestas e desenhar redes parentais para entender quem tinha permissão para nomear um bebê. A cultura acontecia nas interações do cotidiano e nas trocas espontâneas entre as pessoas. Talvez o mais importante para a carreira de Mead, a tese de sua etnografia emblemática *Coming of Age in Samoa* [A Chegada da Maioridade em Samoa, em tradução livre], tenha sido que as meninas estudadas não pareciam sentir diferenças de gênero inatas. Não era uma construção teórica imaginar uma mulher samoana em posição de poder, falando em uma reunião ou dando uma opinião decisiva sobre uma questão importante da comunidade. Todas essas ocorrências aconteciam no dia a dia das meninas e das mães samoanas que Mead estava estudando. Ela usou suas conversas com as meninas e as mulheres da aldeia para mostrar que não é a biologia que determina como o gênero é expresso, é a sociedade.

Ruth Benedict, uma colega protegida de Boas, inspirou-se nas inovações da antropologia em outras direções. Após a Segunda Guerra Mundial, ela deixou seu posto em Columbia, onde sucedeu Boas como chefe de departamento, para trabalhar para o Departamento de Estado dos EUA. Estando em Washington, D.C., ela usou seu treinamento em observação para conduzir uma etnografia moderna do Japão destinada a ajudar os norte-americanos a terem empatia por um povo que, poucos meses antes, havia sido seu inimigo mortal. Seu livro *O Crisântemo e a Espada* tornou-se uma das obras de etnografia mais vendidas no mundo, com mais de 2,3 milhões de cópias no Japão. Em suas páginas, Benedict conseguiu ajudar todos os norte-americanos a alcançar um nível de consciência sobre as diferenças culturais nos cenários de guerra do Pacífico e da Europa. Ela escreveu: "Mais do que qualquer outro cientista social, ele [o antropólogo] usou profissionalmente as diferenças como um ativo, não um passivo."

A dúvida do raciocínio abdutivo, junto da adoção da cultura humana em todas as suas formas, tornou-se o grito de guerra de Benedict ao argumentar que o propósito da antropologia era tornar o mundo seguro para a diferença humana. A empatia que ela ajudou a criar com *O Crisântemo e a Espada*, sua análise do papel da vergonha, da honra e da hierarquia na sociedade japonesa, abriu caminho para uma transição mais pacífica do pós-guerra. O livro também forneceu um contexto cultural para ajudar os norte-americanos a entender a decisão do general MacArthur de permitir que o imperador japonês permanecesse em seu posto, apesar da derrota de sua nação. Embora a estratégia de MacArthur tenha sido planejada com um cálculo político e militar em mente — manter o imperador permitiu uma transição estável para uma nova sociedade sob ocupação norte-americana —, o trabalho de Benedict como antropóloga deu aos norte-americanos um modo de entender por que isso importava. Com certeza, tinha suas limitações como trabalho de observação direta. Nenhum antropólogo hoje realizaria pesquisas como Benedict foi forçada a fazer durante a guerra, contando com seu colega japonês para atuar como intérprete cultural. Apesar das falhas, o livro fez exatamente o que Benedict esperava: tornou o mundo mais seguro para a diferença humana.

Hoje, a maioria das pessoas vê o campo da antropologia como contaminado por ideologias do século XX ou simplesmente irrelevante para a vida no século XXI. Há disputas intermináveis sobre quem subjuga quem, quem tem o direito de observar e qual trabalho de campo é considerado ético, se isso é possível. Essas questões de poder, embora importantes, passaram a dominar grande parte do diálogo na disciplina. É lamentável, porque, embora algumas descobertas e alguns métodos de Boas agora pareçam desatualizados, sua inovação técnica ainda tem muito a oferecer a todos os envolvidos em uma prática observacional.

Apesar da abertura com que Boas e seus protegidos abordaram a cultura e a sociedade humana, ele nunca acreditou muito na relatividade cultural, a concepção intelectual que criou seu legado. Poucos acadêmicos na Universidade de Columbia foram mais ferozes em sua condenação de movimentos como o nacionalismo e o fascismo do que Boas. Mesmo como cientista se deparando com culturas que ele detestava, tinha o compromisso vocacional de olhar primeiro. Sempre olhe primeiro, colete dados, tente entender. Então, só então, um cientista da cultura chega a qualquer conclusão.

Foi essa inovação que mudou o mundo em que vivemos e nos fez ser as pessoas que nos tornamos hoje. Boas nos mostrou como ver e entender os outros, mas, o mais importante, como usar a lente da dúvida para nos ver melhor.

COMO OUVIR

PRESTANDO ATENÇÃO NO SILÊNCIO SOCIAL

O ano era 1959, e um jovem antropólogo francês chamado Pierre Bourdieu visitava sua casa no sopé dos Pirineus por estar de licença do exército. Ele focava sua pesquisa em locais distantes na Argélia, mas percebeu durante essa visita que sua própria aldeia de infância merecia o olhar de um antropólogo. Embora conhecesse a província de Béarn durante sua vida inteira, nunca a tinha *visto* de fato. Ele poderia fazer o familiar parecer estranho e vê-lo com os olhos de um forasteiro?

Certo dia, surgiu uma oportunidade quando ele foi visitar um de seus colegas de escola primária, então funcionário de baixo escalão em uma cidade vizinha. Seu amigo mostrou-lhe uma foto de toda a turma quando Bourdieu e ele eram crianças. Havia dezenas de rostos, em tom sépia, de meninos da mesma idade e da mesma pequena comunidade camponesa. Os meninos estavam em fila usando as mesmas camisas e calças de camponês. O grupo parecia bem homogêneo, mas o amigo de escola de Bourdieu estendeu a mão com desdém e declarou que metade desses jovens "não podia se casar". As crianças a quem ele se referia, agora homens crescidos, eram todos os filhos mais velhos de suas famílias. No mundo agrícola de Béarn — que na época reverenciava a primogenitura, a tradição de passar a terra para o filho primogênito —, a ideia de que os filhos mais velhos não podiam casar não fazia sentido. Mais impressionante era a crueldade com que seu amigo fez a observação. *Não podiam se casar*. Ele poderia facilmente ter dito *sem valor*.

Mas por que esses jovens que herdariam a terra e as tradições agrícolas de seus pais seriam considerados sem valor? O status deles como mais velhos não era exatamente o oposto?

Esse mistério ficou com Bourdieu nos primeiros dias de sua visita. Ele estava certo de que as palavras *não casar* eram uma observação importante, mas sobre o quê? E por quê? Ele poderia ter pedido mais respostas a seu colega de escola, mas essas perguntas, explícitas e diretas, raramente revelam verdades significativas sobre as estruturas ocultas que orientam nossos comportamentos e hábitos. Seu colega de escola provavelmente teria dito: "Não é óbvio? Basta olhar para eles".

Bourdieu tinha uma perspectiva sobre a província de Béarn que seus colegas não compartilhavam. Enquanto todos seus amigos tinham frequentado as escolas locais, Bourdieu, quando jovem, foi para um internato na cidade vizinha chamada Pau. Após o ensino médio, seus talentos como estudante lhe renderam uma bolsa para estudar em uma das grandes écoles de Paris. Na época em que era um jovem adulto, Pierre Bourdieu circulava em um mundo formado pelas famílias mais ricas e bem relacionadas da França. Essa vantagem lhe deu certa compreensão sobre o isolamento da vida em Béarn, mas ainda não era suficiente para ajudar a entender as palavras *não se casar*. Ele simplesmente teria que ser paciente e observar. Olhar, mas o quê? E onde?

O feriado de Natal aconteceu nesse momento, e Bourdieu participou do baile de Natal da aldeia, realizado na parte de trás de um bar. Jovens de toda a região se reuniram na pista de dança. Lá, sob as luzes, para toda a cidade ver, estava a próxima geração. Jovens das escolas secundárias e universidades locais estavam lá, alguns de Pau, a cidade maior, bem como trabalhadores de fábricas e funcionários das repartições burocráticas locais. Eles fizeram par com garotas jovens de toda a vizinhança. Elas vinham com roupas da moda e cabelos em toucas elegantes. Dois a dois, eles se juntavam para dançar charleston e chá-chá-chá. Todos juntos e no ritmo, os jovens mostravam sua habilidade divertida com essa nova música. Eles eram o futuro.

Pierre Bourdieu observou os dançarinos, cativado pela emoção e pelo movimento que emanava do centro da sala. Esses jovens dançarinos eram o ponto focal da noite. Mas os olhos de Bourdieu foram atraídos para as sombras na extremidade do bar. Lá, no fundo, ele podia discernir uma massa escura. Era um grupo de homens um pouco mais velhos, todos perto dos 30 anos, em pé ao redor. Assim como os jovens dançarinos alimentavam a história do baile, Bourdieu percebeu, esses homens mais velhos também eram a história. Ao contrário dos mais jovens, que se moviam com confiança na luz, as sombras não conseguiam esconder o constrangimento desses agricultores mais velhos. Seus corpos pareciam rígidos; suas mãos grandes pendiam pesadamente de seus trajes grossos e escuros. Seus pés pareciam presos ao chão. Enquanto em primeiro plano os pés batiam no ritmo, no plano de fundo não havia nem mesmo um ombro balançando com a música. Pelo contrário, os homens estavam inertes como pedras na estrada, um impedimento ao progresso. Estes, Bourdieu percebeu, eram *os que não podiam se casar*.

Perto da meia-noite, finalmente, era hora de os solteiros irem ao bar. Agora eles podiam relaxar e assumir posturas mais naturais, segurando bebidas, apoiando-se nas mesas e sentando-se em bancos, se olhando nos olhos. Longe do redemoinho de movimento na pista de dança, seus trajes de lã já não inibiam tanto. Os jovens saíam em novos pares, enquanto os solteiros ficavam para trás e começavam a cantar as antigas canções de Béarn. Eles cantavam na noite e, quando não havia mais ninguém dançando, colocavam suas velhas boinas na cabeça e voltavam para as fazendas.

Bourdieu poderia ter imaginado que a farra dos dançarinos na pista era a observação mais importante, mas tinha treinamento suficiente como observador para ficar em dúvida. Se todos estivessem olhando para quem dançava com quem sob as luzes, não seria mais revelador perguntar: quem *não estava* dançando? Quem não era o centro das atenções? E talvez a pergunta mais interessante e desconcertante: quem não era para casar?

Uma compreensão do primeiro plano — os dançarinos — só seria possível com uma compreensão profunda do plano de fundo também, o mundo dos solteiros parados em pé nas sombras. Por gerações, a posição social de um camponês não era medida por bens materiais como joias ou roupas finas. Eles demonstraram seu valor social para si mesmos e sua comunidade acumulando mais terra. Essa riqueza podia acontecer com colheitas abundantes, claro, mas acontecia com mais frequência com a herança do pai para o filho mais velho. Até muito recentemente, toda a ordem social em tais aldeias girava em torno dessa prática social da herança. Quando Bourdieu era criança, uma mulher de uma pequena aldeia na vizinhança aspirava se casar com o filho mais velho de uma família camponesa, que herdaria a fazenda, suas terras e talvez um pequeno dote. Em suas observações do baile de Natal — com seu plano de fundo de solteiros desolados —, Bourdieu identificou um insight: uma mudança sísmica no que ele chamou de "o mercado de bens simbólicos". Esses solteiros enfrentavam uma "desvalorização brutal" de seu mérito, porque suas perspectivas de casamento estavam intimamente ligadas à agricultura, à terra e às antigas trocas matrimoniais controladas pelas famílias. Enquanto os jovens na pista de dança se moviam com as liberdades da modernidade, buscando empregos nas cidades e deixando para trás a vida na fazenda, esses agricultores solteiros estavam presos aos velhos costumes por suas heranças. A terra que possuíam e as habilidades que tinham para trabalhar nela simplesmente não eram mais valiosas. Um novo mundo de comércio, de ferramentas agrícolas mecanizadas e uma globalização geral de todos os aspectos da economia mudaram o terreno sob seus pés. A descrição de seu amigo desse fenômeno — uma das maiores mudanças sociais e econômicas ocorridas em toda a França provincial no século XX — era "não se casar".

Depois daquela noite, Bourdieu descreveu ter-se dedicado a "uma espécie de descrição completa, um tanto frenética, de uma sociedade" que ele conhecia "sem realmente conhecer". Tudo eram dados em sua busca para entender o fenômeno de "não se casar": fotografias, mapas, planta baixa, estatística, jogos disputados, idade e marca dos carros, pirâmide etária da população. Por fim, ele montou um sistema para ver seu próprio mundo. Esse rigor lhe permitiu testar suas ideias em análises de outras comunidades rurais em toda a Europa e em outras áreas do mundo. Olhar o plano de fundo do baile de Natal em Béarn lhe deu um portal direto para ver o surgimento da sociedade moderna. Ele passou a escrever e falar sobre essa nova sociedade, e seus insights sobre o "não se casar" fizeram dele um dos intelectuais mais notórios da França do século XX.

....

Quase todo mundo para de observar no minuto em que vê aqueles jovens dançarinos brilhando no baile de Natal. A maioria assimila o primeiro plano, e, de repente, paramos de olhar. Caímos em julgamento, perdemos a curiosidade e deixamos de ver o contexto maior.

Claro, notar os dançarinos é importante. Mas o que importa muito mais é desenvolver uma consciência das estruturas sociais ocultas que acontecem fora da luz. Os melhores observadores sabem que sair do baile de Natal sem ver os solteiros solitários nas sombras é perder a compreensão das forças mais profundas que moldam nossa realidade. A capacidade de observar o que é invisível em um contexto social, o que Bourdieu chamou de "silêncio social", não é útil apenas para um antropólogo em meados do século XX na França. É algo valioso para que se observe qualquer contexto, porque revela o que realmente importa em uma sociedade.

Veja como exemplo a fixação de nossa cultura em rastrear o comportamento do consumidor. Com o big data e a enxurrada de estatísticas inundando nossa mente todos os dias, ouvimos muito sobre o que os consumidores estão fazendo. Descobrimos que estamos comprando mais lanches, baixando mais conteúdo de serviços de streaming e encomendando mais móveis para o home office. Mas o que *não* estamos fazendo? O que *não* estamos comprando? Baseamos muitas macro e microdecisões em grandes conjuntos de dados que registram o que aconteceu, mas quanta atenção damos para o que não é registrado? Quando você pergunta quem estava no atendimento, também olha quem ficou de fora? Quando uma pessoa está falando, você também observa com quem escolhe não falar? Quando todos falam sobre uma nova tendência, sobre o que não estão falando? Esses silêncios sociais nos mostram o que importa. Nunca podemos realmente saber o que acontece em um lugar ou contexto, a menos que também saibamos o que não acontece.

Ninguém sabe mais sobre isso do que Gillian Tett, uma observadora magistral e editora geral no *Financial Times*, mais conhecido nos Estados Unidos como *FT*. Gillian cobre os mercados financeiros e a política global há décadas e é muito reconhecida como especialista em mídia, em parte porque conduziu o *FT* em um período difícil em que as instituições de mídia *foram* forçadas a reconsiderar os modelos de negócios do século XX em face da digitalização. O *FT* é agora propriedade de uma holding japonesa, e, como britânica, Gillian tem sido o canal entre suas raízes anglo-saxônicas e a cultura da nova propriedade.

Mas a maioria dos jornalistas do setor reverencia Gillian como observadora por outro motivo. Ela foi uma das únicas jornalistas que cobriu os mercados e entendeu as profundezas terríveis da Grande Crise Financeira, chamando sua atenção anos antes do colapso do Lehman Brothers em setembro de 2008. Como ela conseguiu ver o que poucos puderam? E como continua obtendo ótimos furos sobre uma grande história, uma após outra? O que lhe dá a capacidade de observar o visível no que parece ser invisível?

As respostas remontam a Pierre Bourdieu e àquele baile de Natal. Gillian Tett teve treinamento observacional quando fez doutorado em antropologia na Universidade de Cambridge. Muito antes de analisar e relatar sobre derivativos em Londres e em Wall Street, ela estava profundamente inserida em uma aldeia no Tajiquistão, na Ásia Central, observando rituais de casamento para sua pesquisa de dissertação. Foi com esse treinamento que ela aprendeu a ouvir o barulho, o que as pessoas falavam e diziam, observando analiticamente o silêncio ou as coisas não ditas.

Gillian é uma das pessoas mais curiosas que já conheci: ela nunca sabe realmente o que está procurando quando vai observar o mundo em busca de suas reportagens. Ela tem uma personalidade brilhante, mas se você a observar trabalhando, verá que está quase sempre olhando, sem falar. "Absorvendo, não emitindo", como ela diz. Ela tem o olho do antropólogo: sempre tentando conectar os pontos entre as disciplinas.

Eu conhecia bem Gillian, por isso queria lhe perguntar sobre suas experiências que levaram à crise financeira. Ela me contou sobre sua primeira exposição ao mundo dos banqueiros negociando derivativos financeiros complexos, em 2005, em uma conferência no sul da França. Como Bourdieu entrando no baile de Natal, ela manteve os olhos atentos aos dançarinos e aos não dançarinos. Ela tomou nota do que as pessoas diziam e falavam quando cada uma se levantava para apresentar seus PowerPoints na sala. E também estava bem ciente do que não diziam e não apresentavam. Por exemplo, nos slides, os especialistas em finanças usavam siglas para descrever suas inovações — as obrigações de dívida garantidas se tornaram CDOs e os swaps de inadimplência de crédito eram CDSs — e mediam o valor de seus produtos com letras gregas e algoritmos. No entanto, nenhuma dessas conversas no palco jamais abordou como pessoas de verdade usariam esses produtos.

"O que faltava nas apresentações era a presença de rostos humanos", disse ela. Nos intervalos da conferência, ela descreveu inúmeras conversas centradas na arte da securitização. Estas, explicou, eram geralmente baseadas na ideia de que os mercados precisavam ficar mais eficientes. Mas no meio dessa conversa constante sobre aumentar a "liquidez" e criar um capital que pudesse fluir como água, ela nunca ouviu uma única história humana.

"Quem está pedindo dinheiro emprestado? Onde estão as pessoas?", ela se perguntava. "Como isso se conecta à vida real?"

O mundo na sala de conferências estava repleto de padrões de comportamento tão complexos e ocultos quanto os da aldeia Tajique que ela estudara por tanto tempo. Os banqueiros tinham fluência na linguagem emergente de siglas que descreviam o mercado de derivativos. Embora os participantes da conferência tivessem vindo de centros financeiros de todo o mundo, esse código secreto os vinculava. Ninguém mais no mundo conseguia dominar essa linguagem ou mesmo entendê-la, e seu conhecimento criava uma cultura de elitismo. Os especialistas em finanças sentiam como se estivessem em algo exclusivo. Quando Gillian expressou sua própria confusão sobre como os termos eram usados e as métricas para medir seu valor, os rituais de explicação só aumentaram a aura do grupo.

"Toda a atenção estava na inteligência dos administradores de fundos e em como eles transformavam os mercados financeiros para não terem risco", disse ela. "E nunca no imenso risco de as pessoas não poderem pagar seus empréstimos."

Assim como havia analisado a forma como a informação era disseminada nas redes familiares na aldeia Tajique, ela observou como o sistema dedicado de mensagens ligado ao Terminal Bloomberg fomentava ainda mais uma cultura de panelinha. Os gracejos iam e vinham rapidamente nesse sistema de mensagens, incluindo referências à matemática complexa inacessível a todos, exceto para as pessoas com alta escolaridade, sem que ninguém de fora pedisse explicação ou exigisse responsabilidade.

"O problema era que os especialistas em finanças não conseguiam ver o contexto *externo* do que estavam fazendo [o que os empréstimos baratos faziam com os mutuários]", explicou ela, "nem o contexto *interno* de seu mundo [como a panelinha e os esquemas de incentivo peculiares alimentavam os riscos]".

Havia dançarinos e não dançarinos naquela sala de convenções em 2004, mas Gillian também identificou os silêncios sociais que ocorriam no setor de jornalismo financeiro em si. Seu mundo da mídia estava acostumado a focar a atenção nos mercados de ações. Eram as histórias consideradas mais relevantes para os leitores do *FT*, incluindo histórias humanas dramáticas sobre empresários e CEOs, bem como fatos e números comunicando conceitos simples, como lucro e perda. O problema, ela identificou, era que seu próprio setor passava muito tempo focado nos mercados de ações cujas histórias ele não via acontecendo em segundo plano. Ela recorreu à metáfora do iceberg para descrever como o mundo do jornalismo observava os mercados.

"A parte maior — os derivativos e o crédito — estava em grande parte submersa", ela me descreveu. Enquanto a maioria de seus colegas buscava furos olhando a ponta, ela conseguiu ter um olhar observacional sobre o mundo submerso que poucos jornalistas foram incentivados a perceber: os mercados de capital.

Na primavera de 2005, quando assumiu o novo posto como chefe da equipe de mercados de capitais do *FT*, não demorou muito para sua curiosidade insaciável se alarmar. Assim como não havia rostos humanos nos slides e nas apresentações da conferência, suas entrevistas com os especialistas em finanças nos mercados de capitais eram quase inteiramente focadas em matemática abstrata, debates alimentados por acrônimos e um distanciamento geral de qualquer consequência real do ofício de securitização.

O mito fundamental no centro dessa cultura, ao qual Gillian se referia como mito da criação, era a história da "liquidez". Os especialistas em finanças no mundo dos mercados de capitais seguiam a mesma ideologia: mais inovação criaria mais eficiência no sistema financeiro global. Com esse aumento de liquidez, todos os riscos seriam dispersos no sistema.

"A securitização distribuía tanto os riscos de crédito que, se ocorressem perdas, muitos investidores sofreriam um pequeno golpe", ela me explicou, "mas um único investidor não sofreria um golpe doloroso o suficiente para ter danos graves".

Essa era a ideologia dominante. Mas como antropóloga treinada, Gillian entendeu que era só isso: uma história. Se não fosse verdade, significaria que uma grande parte do sistema financeiro global estava em risco. Além de outros sinais de alerta, ela podia ver que esses ativos inovadores nem eram negociados — sem uma natureza líquida, eles eram essencialmente inertes. Os CDOs eram tão complexos que era difícil até mesmo entender como valorizá-los. Com tão poucas negociações para obter preços, os contadores não tinham como medir seu valor. Em vez de usar preços de mercado diretos, o que é chamado de princípios do mercado, os contadores recorreram aos modelos abstratos das agências de classificação para determinar o valor.

Ela usou seu cargo no *FT* para soar o alarme. Em 2007, escreveu vários artigos descrevendo a inescrutabilidade de todo o sistema, com observações detalhando a sensação de que algo estava errado. Claro, o mercado ainda era forte naquele momento, e ela foi chamada publicamente de alarmista. Ela riu quando me contou sobre um especialista em finanças que reclamou de seu uso das palavras *sem transparência* e *obscuras* para descrever essas inovações financeiras.

"Ele estava certo de que tinha total transparência em todo o mercado de capitais só porque tinha acesso ao Terminal Bloomberg", lembrou. "Mas a maior parte do mundo não está em um Terminal Bloomberg. Ninguém falava sobre isso. Ninguém dizia que essa transparência era uma ilusão."

Como antropóloga, ela sabia muito bem que os códigos não ditos da cultura atendem às pessoas no poder. Bourdieu chama o que não é dito — o que é socialmente silencioso — de "doxa".

"Bons observadores procuram a doxa", explicou Gillian. "O que não é dito e o que está oculto da vista de todos. É uma espécie de chip em seu cérebro ou uma visão de raio X que você tem quando olha o familiar como estranho e tenta imaginar alternativas à maneira como fazemos as coisas. É realmente um superpoder."

No verão de 2007, as pessoas sem rosto que nunca apareciam em nenhum PowerPoint ou em qualquer bate-papo do Terminal Bloomberg começaram a não pagar suas hipotecas do mundo real. As autoridades financeiras tentaram conectar o sistema financeiro global, mas o contágio não pôde ser contido. No outono de 2008, o que veio a ser conhecido como a Grande Crise Financeira deixou os mercados em todo o mundo em turbulência. Dezenas das instituições financeiras mais importantes dos Estados Unidos oscilaram à beira do fracasso ao longo de uma semana, e os bancos do mundo todo precisaram ser resgatados para evitar a falência. Ben Bernanke, chefe do Banco Central (FED) na época, chamou de "a pior crise financeira da história global".

A habilidade observacional de uma mestre como Gillian requer treinamento, prática e coragem para ser do contra quando isso importa. Ela descreveu a abordagem que adota em todo seu trabalho.

"Meu processo é duplo", explicou ela. "Primeiro, tento ver o estranho no familiar. Eu me vejo como um estranho que observa um sistema complexo no qual eu não cresci e que não é óbvio para mim. É óbvio para todos os outros envolvidos, tão óbvio que eles nem sequer pensam sobre isso. Mas como um forasteiro, você tem a chance de ver a estranheza da coisa toda. O que é familiar para os outros é estranho para mim. Muitas vezes, a conversa, ou a dança, funciona de certo modo porque atende às pessoas no controle. A maneira como classificam as coisas ajuda as pessoas no poder e não os outros, geralmente os sem poder."

Na segunda etapa, Gillian usa esses fatos para tentar imaginar como as coisas poderiam ser diferentes. Ela tenta ouvir o que não é dito e por quê.

Ela imagina alternativas para o que está observando. É com esse processo que ela chega a insights sobre o que está vendo. Como seria essa conferência em 2004 se ela estivesse estruturada para atender a uma parte interessada, um eleitor ou um consumidor diferente? Imagine se fosse planejada para agradar as pessoas que solicitam hipotecas. E se as pessoas reais que solicitam hipotecas tivessem de entrar e se reunir com os especialistas em finanças para concluir seus pedidos? Ou se os especialistas no sistema fossem incentivados a tornar seu trabalho mais disponível ou acessível?

Dançando em um baile de Natal ou apresentando PowerPoints em uma conferência de investimento, os melhores observadores estão sempre fazendo essa pergunta: o que significam os rituais da cultura e para quem eles são? O trabalho de Gillian nos lembra de entrar no mundo com curiosidade e dúvida. Assuma o papel de um estranho e pergunte o que torna o estranho familiar e o familiar estranho. Nunca fique satisfeito com o que as pessoas dizem. Todos os melhores insights ocorrem abaixo do ruído das conversas, no iceberg submerso que fica invisível para a maior parte do mundo.

Pare de falar e tente ouvir. O que você ouvirá no silêncio?

PROCURANDO AS MUDANÇAS CULTURAIS

COMO OCORRE A MUDANÇA

Cresci em uma ilha dinamarquesa no Mar Báltico, no extremo leste, quase tocando a Cortina de Ferro. Durante minha infância, nos anos 1970 e início dos anos 1980, a indústria pesqueira entrou em colapso em nossa comunidade e na vizinhança; os antigos pescadores, os pais de meus colegas de escola, ficaram desempregados. Os homens ficavam parados em casa e nos bares, e as famílias lutavam para pagar as contas; muitas vezes, as crianças eram espancadas em casa e levavam essa mesma violência para nossos jogos no parquinho. Os outros garotos de minha idade encontravam distração no futebol e na cerveja, mas eu mal conseguia chutar uma bola. Em vez de me humilhar no campo, passava a maior parte do tempo escondido em casa e na biblioteca da aldeia.

Quase todo mundo com quem cresci era marxista. Minha família se considerava comunista, assim como muitas outras na ilha. Todas as manhãs de minha infância, eu comia com obediência cereais e pão com manteiga no café da manhã, olhando sonolento para o martelo e a foice sempre presentes pendurados em nossa geladeira. Como leninistas de esquerda, membros do Partido Comunista Dinamarquês, nossas sugestões políticas vinham diretamente da União Soviética.

Para uma criança, claro, crescer comunista fazia tanto sentido quanto crescer em uma fé cristã, judaica ou muçulmana. Tínhamos textos centrais (*O Capital e Manifesto Comunista*), um pai fundador (Karl Marx), altos sacerdotes (os proeminentes políticos europeus de esquerda) e as chaves para o reino dos céus (a revolução vindoura). Os livros reverenciados e escritos por nosso profeta descreviam o sistema de crenças: a revolução trabalhista viraria nosso mundo de cabeça para baixo, e a vida após a morte seria o nirvana da classe trabalhadora. Na praça central de nossa cidade, minha família vendia jornais comunistas, com poucos compradores, e ocupávamos nosso tempo com captação de recursos, organização e networking para a revolução. Eu estava tão ocupado com projetos agrícolas e de construção de escolas — na Namíbia, em Cuba e em qualquer outro país que simpatizasse com nossos pontos de vista — que não tinha tempo para refletir sobre as visões que estava adotando. Estava encantado com o fervor e furioso com as desigualdades de classe no mundo. Para um adolescente, o comunismo era uma fé totalizante, cheia de energia e furiosa.

Não por acaso, a lealdade à revolução também abriu portas para os melhores partidos. A esquerda era radical e moderna. O comunismo era legal. Havia escolas e acampamentos de jovens na Dinamarca, em Cuba e na União Soviética, treinando pioneiros e Komsomol — a juventude comunista. O Partido Comunista Dinamarquês tinha seu próprio jornal, cadeiras no Folketing, o parlamento dinamarquês, e uma superioridade moral inquestionável. Ser "socialista" era tranquilo. Os "socialistas democráticos", ou democratas sociais, eram traidores. Muitas vezes, expressávamos mais ódio aos democratas sociais que governavam o país do que aos conservadores e à direita.

Naturalmente, na Escandinávia da época, nada disso era atípico. Cerca de um terço da população se identificava como algum tipo de socialista. E por mais difícil que seja imaginar hoje, a maioria das pessoas ao meu redor acreditava que toda essa energia se encaminhava para uma revolução, que logo chegaria. A União Soviética era apontada como o melhor exemplo de sociedade justa e imparcial, na qual poderíamos basear o futuro. O teor dessa parte de minha infância foi moldado por uma ideologia consistente. O mundo estava dividido em dois grupos: os opressores e os oprimidos. O capitalismo era o sistema opressivo que mantinha as pessoas com recursos em posição de dominar todas as outras. Isso significava que os pobres de hoje eram os descendentes diretos dos camponeses do passado. E, no nosso entendimento da realidade, qualquer pessoa com poder sobre outras, como a pessoa que administrava a escola primária local ou o supermercado, estava em conluio para suprimir e governar os subjugados. Se você não fosse oprimido, era o opressor. A estrutura era simples, mas nosso mundo era rico com relação ao significado simbólico das lutas de classes e das agressões silenciosas que aconteciam ao nosso redor.

Até, lentamente, não ser mais. Quando entrei na adolescência, a União Soviética começou a desmoronar. O núcleo do partido e da comunidade, incluindo meu próprio padrasto, insistia nos ideais do socialismo e do comunismo. As histórias do Gulag e do regime de Stalin eram tramas para derrubar a revolução. Quando tive idade suficiente para procurar outros jornais, avaliar criticamente filmes e livros de outros lugares, ficou cada vez mais claro que os princípios do Iluminismo e a investigação aberta davam mais oportunidades para a mobilidade social. Homens e mulheres na minha pequena ilha definhavam — a indústria pesqueira estava quase seca naquele momento. Nenhuma de nossas grandes teorias e nem a ideologia consistente ofereciam soluções para desespero e tédio deles.

Nessa época, comecei em uma nova escola e, pela primeira vez, conheci adolescentes que acreditavam em Deus. Esses novos amigos me convidaram para jantar com suas famílias. Eu assisti, confuso, enquanto meus colegas de classe seguravam as mãos juntos e abaixavam a cabeça para dar graças. Famílias inteiras falavam em uníssono em louvor a uma entidade que eu nunca havia considerado. No entanto, quando lhes perguntei sobre a presença desse "Deus", eles olharam para mim com espanto e balançaram a cabeça. Como eu não conseguia ver?, pareciam dizer. Não era óbvio que havia uma ordem invisível no mundo? A certeza em seus olhos era desagradável. Onde no mundo estava esse Deus sobre o qual falavam?

A religiosidade de meus novos amigos era alienante, mas havia muitos temas para nos distrair — arte, música e livros amados por todos. Não insisti nas crenças, até que, um dia, me sentei com meus amigos comunistas à mesa de jantar e reconheci uma certeza semelhante em nossos olhos. Discutíamos a revolução iminente e nossas esperanças para o dia em que o trabalho governaria a terra. Senti náuseas. O sistema de crenças de minha família, que sempre considerei nossa realidade, era organizado em torno de entidades e ideais tão teóricos quanto o Deus que existia nas casas de meus amigos religiosos.

Meu fervor revolucionário começou a azedar e a simplicidade das ideias comunistas ficou claustrofóbica. Certa manhã, tomando o café da manhã, olhei o jornal espalhado pela mesa da cozinha e li mais uma manchete anunciando a iminente revolução. Virei o jornal. Já não acreditava em uma palavra.

Em 9 de novembro de 1989, eu estava passando alguns dias em Berlim com minha turma do 9º ano no exato momento em que o centro se abriu por completo. O Muro de Berlim havia caído, com ele, qualquer aparência de uma ordem coesa para minha existência. Não foi apenas a ideologia marxista que desmoronou; para mim, foi a ideologia em si. A confiança de ter muita certeza sobre o mundo e como ele funcionava simplesmente não era mais atraente. Passei a reagir a qualquer pessoa que preferisse encontrar a verdade por meio de modelos abstratos, sabedoria ou estruturas simplistas sem ter tempo para olhar em volta primeiro. Sem observar a realidade confusa do mundo ao nosso redor, ninguém pode afirmar saber nada da verdade.

É claro que o comunismo caiu tanto em desgraça hoje que é difícil imaginar como sustentamos essa fé. Mas a ideologia em outras formas continua a permear todos os movimentos políticos, as profissões e os grupos comunitários. As experiências de minha infância me vacinaram contra as febres da certeza de que existem atualmente à nossa volta — a crença em um mercado completamente livre, a devoção religiosa a produtos cultivados organicamente ou a mitologia em torno de já ter-se alcançado uma inteligência artificial generalizada. Essas ideologias têm semelhança estrutural com os princípios abstratos de minha infância.

Após o colapso do Muro de Berlim, busquei entender como as ideologias se estabelecem e como as percepções mudam entre as culturas. Para mim, não havia mais nenhuma lógica na história, nenhuma maneira simples de explicar nada. Como as pessoas poderiam mudar de uma visão para outra, de uma gestalt radicalmente diferente para outra, sem qualquer consciência disso? Como as percepções se unem e se dissolvem em cenários políticos e culturas inteiras? E o mais importante para as habilidades do observador: podemos ver essas mudanças no horizonte quase como podemos sentir no ar os sinais de uma tempestade se aproximando?

 Encontrei respostas para essas perguntas usando as ferramentas de um teórico político argentino chamado Ernesto Laclau. Embora tenha passado grande parte de sua carreira acadêmica como professor de teoria política na Universidade de Essex, na Inglaterra, foi sua experiência anterior com a mudança social que inspirou a criação de suas estruturas analíticas. Ele desenvolveu uma técnica para mapear as permutas das mudanças sociais que se movem como eletricidade em uma cultura. Como pensador visual, Laclau me deu uma maneira de diagramar e ver os valores e as crenças que se movem em grupos em toda a sociedade.

 Em sua escrita, Laclau gosta de usar o exemplo de um terremoto. Há uma realidade objetiva: o tremor de um terremoto. Mas o que significa? O significado desse evento difere em contextos variados. Terremoto é uma expressão de placas tectônicas em uma cultura e uma expressão da ira de Deus em outra. Todos podemos concordar que o evento aconteceu, mas se temos alguma esperança de entender o significado dele, devemos rastrear o valor e o significado do terremoto em seu contexto.

 Ernesto Laclau se referia à mudança de significado em torno de cada palavra como "cadeias de equivalência". As divisões entre o que consideramos bom e ruim, saudável e insalubre, legal e ilegal são limites que pressupomos ser bem definidos, estáveis e universais. Mas não é bem assim: a sociedade está em constante mudança. Que tal uma palavra como *liberdade*? Tal palavra é um significante vazio até que se conecte a uma cadeia de equivalência com outras palavras. A *liberdade* está conectada a *Estado mínimo, impostos baixos* e *autossuficiência individual*, como muitas vezes vivenciamos nos Estados Unidos? Ou a *liberdade* está conectada a *Estado grande, impostos altos* e *menores níveis de desigualdade*, como cresci sentindo na Escandinávia? Ambas as versões de liberdade são válidas para o contexto em que existem. Mas a liberdade em si não tem sentido até estar em relação a outros conceitos. Quando observamos diretamente os outros e eles nos dizem que a *liberdade* é seu maior valor, podemos usar a ferramenta de Laclau para visualizar o que querem dizer. Estão dizendo que anseiam pela liberdade de viver em uma sociedade com uma rede de segurança forte? Ou querem dizer que consideram suas próprias liberdades pessoais como sua maior prioridade?

Assim como desenvolvi uma sensibilidade aguçada para a ideologia ao crescer comunista durante a queda do Muro de Berlim, Ernesto Laclau aperfeiçoou sua sintonia ao dinamismo social em sua infância na Argentina na década de 1940. Ele cresceu em um país e em uma cultura sob domínio da liderança carismática, mas imprevisível, de Juan Perón. A inovação política de Perón era uma combinação de empoderamento da classe trabalhadora com benefícios sociais e uma abordagem anticomunista feroz; ele nunca questionou o capitalismo nem sugeriu que a Argentina deveria socializar os meios de produção. Na nova versão da Argentina de Perón, a "revolução operária" era radicalmente separada da ideologia marxista.

Testemunhar essas mudanças deu a Ernesto Laclau uma sensibilidade única à fragilidade das instituições e dos ideais que cada cultura preza. Os relatos da história são contados e recontados em um processo de mudança que ele descreveu como "desenho na água". Nenhum desenho feito na água dura, ele chegou a afirmar. No governo de Perón, "revolução", "liberdade" e "socialismo" eram todos conceitos escritos na água, em constante mudança e em debate.

Hoje, as ferramentas de Laclau podem guiar a análise de nossas observações diretas de pessoas e comunidades sociais. Quais palavras e conceitos as pessoas usam para se comunicar e como podem desbloquear maiores insights no contexto social que orienta seu comportamento?

Considere alguns exemplos. É bom ou ruim vigiar os cidadãos para proteger a sociedade contra atos criminosos violentos? Conectamos a vigilância à segurança ou a conectamos a uma violação da liberdade e a um excesso perigoso? É uma sociedade justa aquela que prioriza a privacidade e os direitos individuais de seus cidadãos ou a que protege o bem maior punindo comportamentos que considera perigosos ou inadequados? O mundo de onde você vem terá uma perspectiva sobre essas questões que parece fixa. No entanto, novas articulações de significado mudarão amanhã aquilo que a maioria de nós acredita ser verdade hoje.

Quando descobri Ernesto Laclau, senti como uma bomba explodindo na minha cabeça. Eu li os principais capítulos de seu livro de uma vez só no meu pequeno apartamento estudantil em Copenhague e fiquei obcecado por seus livros nos anos seguintes. O plano de fundo de minha infância se baseara na necessidade material de a classe trabalhadora derrubar o capitalismo. Eu tinha absorvido sua certeza teórica, e qualquer desafio à análise estrutural era uma espécie de heresia. Eram os pressupostos tácitos e explícitos de minha juventude. Mas aqui, no livro em minhas mãos naquele dia frio em Copenhague, estava alguém sugerindo que as estruturas que definem o mundo onde vivemos estavam em constante evolução e abertas à sugestão. Estruturas como "capital", "trabalho" e "democracia", junto de inúmeras outras palavras e conceitos, como "liberdade", "riqueza", "ciência", "privacidade", "saúde" e "proteção", não só eram possíveis de analisar e ver claramente, mas também tinham uma natureza líquida. Eu nunca tinha sido encorajado — na verdade, tive permissão — para pensar em como o mundo funcionava com essa nova fluidez. Que alívio! Aqui estava um texto que minava completamente a visão de mundo claustrofóbica de meu passado.

Depois da universidade, tornei-me correspondente em Londres para um jornal em Copenhague. Aproveitei a situação perguntando a todos os meus heróis vivos se eu poderia entrevistá-los. Conheci muitos sociólogos lendários e filósofos mundialmente famosos, mas a entrevista de que me lembro mais foi com Ernesto Laclau. Atraído pela perspectiva de ter páginas escritas sobre ele e fotógrafos aparecendo em sua casa, ele aceitou um pedido de entrevista de um ninguém de 20 anos como eu. Era casado com a famosa filósofa política Chantal Mouffe, com quem escreveu alguns de seus livros e artigos mais importantes.

Eu me preparei durante semanas para a entrevista, para poder conversar com ambos sobre suas ideias sem a confusão de brigas políticas ou quaisquer palhaçadas de esquerda. Eu não estava interessado em suas opiniões sobre como o mundo deveria mudar, mas sim na mecânica da mudança em si. Queria que ele me mostrasse o que acontece quando as pessoas de repente mudam de perspectiva sobre como veem o mundo. Como e quando a mudança acontece? Existe um padrão para ver a mudança no futuro?

Londres pode ser muito marrom e silenciosa no inverno, e o trem para a casa de Laclau no norte de Londres era particularmente sem graça. Em todas as fileiras de assentos à minha frente, vi apenas chapéus e lenços cor de lama. Pela janela, uma chuva sombria caía no borrão de apartamentos de habitação pública pelos quais passava. De repente, as portas do vagão se abriram, e uma mulher entrou no trem com um lenço vermelho brilhante. No plano de fundo do filme borrado em preto e branco de um inverno londrino, essa mulher entrou em cena em total technicolor. Claro que era Chantal Mouffe. Quanta sorte! Nós dois descemos do trem na mesma parada. Ela andou pela rua, seu lenço vermelho brilhante e seu batom sendo os únicos sinais de vida naquela manhã cinza no norte de Londres.

Quando chegamos na casa, Laclau abriu a porta, Mouffe entrou e desapareceu. Fiquei olhando apenas para Laclau, cuja forma diminuta lembrava as pequenas corujas de cerâmica marrom que decoravam seu escritório. Embora eu estivesse morrendo de vontade de falar com ele, também ansiava por Chantal Mouffe e o brilho de seu carisma para iluminar a sala. Laclau me serviu um grande copo quente de uísque às 11h da manhã, presumindo que me beneficiaria — um gesto gentil e muito necessário. Então ele se sentou comigo e discutiu a estrutura da mudança até que a sala ficasse escura.

Ao longo desse dia, Laclau me ajudou a entender que tudo o que pressupomos ser verdade sobre nosso mundo pode e irá mudar. Em um dia, há um muro que atravessa Berlim, e no outro, ele cai. É feito de pedra e tijolo, mas seu significado é, em última análise, fluido como a água que corre por suas mãos. Laclau e Mouffe chamam essa experiência de *deslocamento* de mudança sísmica. Sua escrita articula ferramentas para antecipá-la em vários cenários diferentes: (1) durante níveis intoleráveis de desemprego, (2) durante a desigualdade e a discriminação, (3) com um colapso da moeda ou níveis intoleráveis de tributação. Em todos esses períodos de deslocamento, eles argumentaram, poderia haver uma boa causa para uma colaboração entre as identidades políticas ou a introdução de uma ideia nova e mais convincente.

O legado de sua filosofia é mais associado à teoria política, mas ofereço-o aqui como uma ferramenta observacional para entender como a mudança acontece em qualquer contexto ou cultura. Uso suas ferramentas em cada um de meus projetos profissionais para ter mais insights sobre como as pessoas entendem seus mundos. Por exemplo, a alta administração fala dos membros da empresa como "colegas", "colaboradores" ou "funcionários"? O que essas palavras significam para as pessoas que as ouvem? Aconselhei o chefe de uma grande empresa de serviços financeiros que insistia em chamar seus funcionários de "companheiros". A discórdia era excessiva em toda a cultura da empresa, e a administração recorria ao litígio para resolver seus conflitos. Analisamos que palavras como *companheiro* se ligavam a outros valores e crenças ("igualdade", "camaradas" e "lealdade") que não pareciam autênticos para os funcionários. A palavra *companheiro* incitava uma crise de desconfiança em toda a organização.

Como os funcionários de uma organização dão significado e significância a conceitos como "colega", "eficiência" ou "boa gestão"? Como a administração e os funcionários negociam as definições dos conceitos-chave? Quem tem quais interesses nas várias definições do conceito em toda a organização ou cultura? Depois de reunir minhas observações diretas em qualquer projeto ou empreendimento, recorro às ferramentas de visualização de Laclau e Mouffe. A mudança é inevitável; seu trabalho como observador é descobrir onde e como ela ocorrerá. Muitas vezes, as respostas podem ser surpreendentes.

É precisamente isso que nossos pesquisadores de P&D descobriram quando fizemos parceria com a equipe de engenharia por trás do veículo mais emblemático da América, o Ford F-150, para entender melhor como seus motoristas encontraram significado em palavras como *ao ar livre, meio ambiente, conservação, natureza* e *mudanças climáticas*. Os engenheiros da picape F-150 tentavam ver um futuro em que seus leais motoristas trocassem os veículos de motor a combustão por uma picape F-150 elétrica. Havia espaço para conectar veículos elétricos e motoristas de uma nova maneira? Poderíamos identificar onde a mudança já ocorria, não em primeiro plano, mas no contexto de práticas e crenças sociais? Eu ofereço a história de Toby como um exemplo de como todos nós fomos capazes de ver a possibilidade para essa mudança.

....

A mente de Toby vagava da estrada escura para pensamentos de sua nova vara de pesca de 2 metros, sua carretilha e a sensação de puxar um robalo premiado das águas do Golfo do México no extremo sul do Texas. Ele e seu filho saíram de Houston às 2h da manhã com o barco de seu pai engatado na picape F-150. Agora eram 4h da manhã e eles tinham que soltar o barco na doca, pegar a isca cheia de vida e ter tudo pronto para pescar antes do sol nascer às 6h. Mesmo às 4h, a temperatura estava em 26 °C, e eles sentiam a umidade na pele quando foram para a doca na escuridão. Assim que a temperatura nas águas rasas da baixa Laguna Madre (a lagoa hipersalina entre o continente no sul do Texas e as Ilhas Padre) subisse para 32 °C, a pesca seria mais desafiadora. O sol forte do meio-dia refletia na lagoa inteira uma luz branca clara que muitas vezes cegava até os melhores pescadores.

Toby, que por décadas havia pescado nessas mesmas águas com seu pai, ficou ansioso durante todo o verão por esse fim de semana com seu próprio filho, Matt. Seu pai havia recomendado alguns pontos — ele era o verdadeiro especialista —, mas pai e filho sabiam que pegar um robalo era muito mais do que encontrar pontos de pesca. Com sua picape estacionada e Matt pronto com a isca, eles saíram do porto e partiram para o amanhecer sobre a lagoa.

Toby mostrou a Matt como escanear a água cor de aço em busca de sinais. A maior parte inferior da Laguna Madre tinha apenas alguns metros de profundidade, com buracos de lama ocasionais mais perto de 3 metros ou 3,5 metros. Seu barco foi projetado para deslizar sobre águas rasas, com apenas 60 centímetros de profundidade, e se aproximar de algumas áreas de vegetação aquática. Mas seus olhos mal registravam as coordenadas no GPS, porque era muito mais útil observar as ondulações na superfície da água. Os marrons mais escuros sob a superfície da água indicavam um cardume — talvez um peixe vermelho, talvez uma truta-salpicada. Toby queria que seu filho entendesse como ler aquelas águas, aprendesse a conhecer o significado do vento soprando de certa forma, a salinidade da água em diferentes níveis, o leito marinho prosperando ou morrendo, os ciclos de acasalamento na maturidade ou em um período de dormência. O robalo gostava de passear pelas bordas do fundo, portanto, um olhar relaxado, mas perspicaz, podia vê-lo debaixo da água como uma massa escura se movendo em diferentes direções. Toby também gostava de olhar a alga. Sentado ainda sob o sol laranja do meio-dia, quente demais até para as gaivotas, ele podia ver os robalos nos buracos que eles criavam nos fundos de algas. A ausência de alga significava a presença de robalos no fundo.

O que Toby desejava, e que seu pai tinha capturado em vários anos seguidos, era um robalo premiado no Torneio Star da Associação de Conservação Costeira. Todos os anos, a associação (CCA) soltava pelo menos sessenta robalos marcados nas águas da Laguna Madre. Qualquer pescador que pegasse um dos cinco primeiros peixes marcados levava para casa uma picape F-150 Super Cab XLT, Edição Texas. O concurso ia do fim de semana do Memorial Day (última segunda-feira de maio) até o fim de semana do Dia do Trabalho (primeira segunda-feira de setembro), e apenas dois dos cinco primeiros peixes haviam sido capturados até aquele momento. Se pudesse pegar um dos três restantes, ele pegaria a marcação, jogaria o peixe de volta na água depois de pesá-lo e voltaria para casa em Houston em seu veículo premiado.

Além do prêmio, ele queria que seu filho visse a generosidade da lagoa, uma área abundante para aqueles que se importavam o suficiente para valorizar e proteger seus recursos. Por isso, ele colocava o adesivo da CCA na picape todo ano. A conservação era um modo de vida para sua família: significava conservar as tradições passadas de pai para filho, conservar as águas da lagoa e proteger seus abundantes recursos da pesca predatória, valorizando esse momento e a prática longe de computadores, e-mails e estresse. A água estava mais para a contemplação, pensou Toby. "Pescar", ele deu um tapa nas costas de Matt, é bom para o corpo, a mente e a alma."

Com anuidade para a CCA e seu profundo conhecimento e respeito pelas águas da Laguna Madre, Toby era todo conservacionista. No entanto, se perguntasse a Toby, ao pai dele ou a alguém da família se eram ambientalistas, eles o expulsariam de seu barco.

"Voltem para casa, manos", ele e seus primos gostavam de gritar quando viam banqueiros ricos e executivos contratando guias para levá-los para a água. Toby tinha o maior respeito pelos guias, muitos deles eram seus amigos, mas a ideia de pagar alguém para fazer o trabalho de um pai parecia patética. Só um idiota contrataria um estranho para ensiná-lo a pescar. E só um idiota usaria gráficos e tabelas para monitorar o ecossistema da água. Se você realmente quisesse pertencer ao local, precisava fazer o bom e velho trabalho de dedicar seu tempo à água.

Toby apreciava seu tempo ao ar livre? Claro que sim! Toby era ambientalista? Claro que não! Mas qual era a diferença? Entre palavras como *ao ar livre, meio ambiente, conservação, natureza* e *mudança climática,* existia uma distância cultural tão vasta quanto entre a "revolução trabalhista" de Juan Perón e "comunista". A picape F-150 ajudava Detroit a prosperar, pois era de longe o veículo mais vendido da Ford e a marca de picape mais lucrativa da América do Norte. Se os engenheiros por trás da picape planejavam fazer alguma alteração, precisavam ter certeza de que entendiam o que os valores e os conceitos dela significavam para seus motoristas. Eles não poderiam inovar, a menos que as mudanças fossem relevantes para Toby, seu pai, seus primos e milhões de pessoas em toda a América do Norte que confiavam e compravam regularmente a F-150 para seu dia a dia.

Em 2016, os engenheiros da F-150 procuraram nossa equipe para um estudo observacional aprofundado dos proprietários da F-150 no Texas, no Colorado e na Califórnia. A ideia era entender melhor a experiência da F-150. Como as picapes funcionavam para as mulheres, por exemplo? As picapes tinham energia suficiente para fazer todo o trabalho pesado de levantar, arrastar e puxar aquilo de que os usuários precisavam? O que poderia ser melhorado?

As teorias de Laclau e Mouffe sobre a análise da mudança cultural seriam uma parte essencial de nosso trabalho de observação. Como os motoristas da F-150 se relacionavam com seu "ambiente"? E como isso diferia de seus objetivos de passar um tempo "ao ar livre"? Antes mesmo de nossos pesquisadores saírem para sua imersão de semanas na vida de motoristas nos Estados Unidos, uma mensagem continuava sendo repetida implícita e explicitamente por todos em Detroit: carros elétricos estão fora de questão.

A partir da década de 1990, ativistas da mudança climática proclamavam que a fabricação e a venda de veículos elétricos eram a tendência. Em 1996, a General Motors lançou seu primeiro carro elétrico, o EV1, com muita pompa. Pretendia-se que fosse uma visão de um futuro não mais ligada a combustíveis fósseis. Mas em 2003, menos de 10 anos depois, o modelo foi cancelado, os clientes ficaram tristes e um novo documentário chamado *Who Killed the Electric Car?* [Quem matou o carro elétrico?, em tradução livre] sugeria que a indústria automobilística nunca teria apetite para produzir veículos elétricos convencionais. Nos anos após o fracasso do EV1, a Chevrolet tentou e falhou com seu modelo híbrido, o Volt, e o EV Leaf da Nissan não impressionou o mercado. Os motoristas norte-americanos, especialistas da indústria automobilística, estavam muito preocupados com o alcance limitado dos carros, a infraestrutura pouco desenvolvida (sobretudo nas áreas rurais) e a grande diferença no preço para aceitar os carros elétricos.

Essas eram as suposições. Mas enquanto a indústria automobilística dos EUA recuava em relação aos carros elétricos, Elon Musk avançava no vazio com a Tesla e, junto de outras startups, mostrou ao mundo que veículos totalmente elétricos podem ser mais do que apenas uma moda para pessoas ricas nas cidades. Em 2018, a Tesla vendeu mais de 220 mil veículos, e seu concorrente mais próximo nem era um fabricante de automóveis norte-americano ou europeu. Era uma empresa estatal chinesa chamada BAIC Group.

Detroit ficou com medo. Os especialistas do setor puderam ver que o mercado de energia elétrica crescia, mas não estava claro se os carros elétricos iriam além dos compradores que queriam veículos pequenos, rápidos e caros. A Tesla de Elon Musk e as startups mais ágeis do Vale do Silício estruturaram toda a proposta de valor dos veículos elétricos em torno da mudança climática: é hora de queimar menos combustível fóssil e parar de aquecer o mundo. O discurso era dirigido a motoristas que viviam em áreas urbanas como Nova York, São Francisco e Los Angeles. Eram pessoas que tendiam a trabalhar em funções administrativas e estavam confortáveis com gráficos e PowerPoints. Ver gráficos documentando os dados de emissões de CO_2 ou as medições da acidificação dos oceanos era como eles obtinham suas informações — em pontos de dados científicos e quantificados. A Tesla falou com esses motoristas e respondeu às suas necessidades: ambientalistas comprometidos prontos para mudar seu estilo de vida ou os menos comprometidos buscando ações fáceis para resfriar o planeta. Em 2016, com o início do projeto de observação de minha empresa, o discurso parecia definido: ser elétrico significava cuidar do planeta; era uma escolha do consumidor que priorizava o bem abstrato coletivo acima das necessidades locais ou individuais.

Mas o que descobrimos depois de passar um tempo com pessoas como Toby e sua família foi que os motoristas da F-150 também investiam profundamente em um ecossistema saudável e próspero. Porém, sua relação com a palavra *ambiente* — para usar as ferramentas de Laclau e Mouffe, sua *cadeia de equivalência* — era diferente. Para os motoristas da F-150, *ambiente* era um termo que parecia irrelevante para as preocupações e os deveres de seu cotidiano. *Ambiente* era sinônimo de *floresta tropical*. Era abstrato e distante. Eles associavam isso a práticas de pessoas como aqueles "manos" que pagavam aos guias para aprender a pescar. *Ambiente* parecia algo ligado à riqueza e ao elitismo das cidades globais, envolvendo atividades distantes das preocupações concretas: banco de investimento, governança corporativa, engenheiros de software.

Quando iniciamos nosso estudo global de vários anos, manter a eletricidade fora de questão fazia sentido. Afinal, tentar vender a motoristas leais da F-150 ideias sobre mudança climática com base em gráficos e tabelas parecia inútil (a traição máxima), bem como algo condenado ao fracasso. Mas quando nossos pesquisadores saíram e passaram vários meses imersos na vida dos motoristas da F-150, as observações diretas que eles retornaram começaram a contar uma história diferente. Por vários anos, incluindo centenas de horas de entrevistas gravadas e milhares de páginas com anotações etnográficas e diários criados por nossos participantes, percebemos que tínhamos que abandonar nossas próprias suposições sobre motoristas de picape e pisar firme na dúvida do raciocínio abdutivo. Quando nossa equipe de observadores passou um tempo com pessoas como Toby, homens e mulheres que usavam suas F-150s como companheiras constantes ao longo da vida, a possibilidade de uma mudança na percepção ficou evidente. A mudança vinha de lugares inesperados. Um bombeiro, no Colorado, chamado Rory tirou uma noite de folga para levar sua esposa para as montanhas e estacionou a F-150 em um platô para ver o pôr do sol. Na carroceria da picape, ele estendeu um cobertor e montou um piquenique para aproveitar a noite sob as estrelas. Uma mulher em Dallas chamada Sharon pulou em sua F-150 e deixou a mesmice do subúrbio, se perdendo nas estradas secundárias do Texas, gritando livremente pela janela: "Onde estou?! Eu não tenho ideia de onde estou!" Um fazendeiro no centro do Texas usava sua F-150 para vistoriar a terra e carregar seus suprimentos agrícolas. Logo ele se aposentará e encontrará maneiras sustentáveis de criar gado em sua propriedade.

Para essas pessoas e outros entrevistados, percebemos que um veículo elétrico não estava necessariamente fora de questão. Detroit pressupôs que seria uma traição, mas não precisava ser. Ao contrário, um veículo elétrico precisava provar ser valioso no mundo prático do dia a dia ao "ar livre", não no mundo abstrato e reflexivo do "ambiente". Era sobre mudar o enquadramento de uma F-150 elétrica.

Ao contrário do motor a combustão, a corrente do motor elétrico flui pelo veículo no minuto em que ele liga, e os motoristas experimentam um torque máximo, ou potência, instantaneamente. Isso é significativo se você quer puxar o barco de seu vizinho, rebocar um trailer pelo estado para trabalhar ou ir a um jogo de futebol com sua família e carregar o celular de todos no porta-malas. Uma picape elétrica poderia ajudar a tornar a vida melhor para todas essas pessoas, e não tinha nada a ver com o discurso em torno do "meio ambiente". A Ford poderia vender uma F-150 elétrica para seus motoristas leais e estruturá-la com os recursos práticos de fazer atividades ao ar livre, em vez da preocupação de um ambientalista com combustíveis fósseis. Seria a primeira vez que uma montadora tentaria vender um carro elétrico completamente em torno da proposta de valor da praticidade. A ferramenta de Laclau revelou uma mudança cultural de elétrico pela "mudança climática" para elétrico pelo "apto para uso".

....

Em abril de 2022, a Ford lançou seu primeiro veículo elétrico F-150, o F-150 Lightning. A empresa o apelidou de "picape elétrica para as massas", porque seu preço era comparável com a versão a gás das F-150, até um pouco mais barato com o crédito do imposto federal de US$7.500. A duração da bateria dá aos motoristas entre 370 quilômetros e 480 quilômetros de autonomia, para que os motoristas rurais possam usá-la nas longas distâncias que fazem parte da vida em áreas com baixa densidade populacional. Eles podem realizar as tarefas que exigem muita energia, como rebocar, transportar e dirigir em todo terreno, que são tão importantes para a condução da picape, oferecendo também uma infraestrutura de carregamento para acampar, trabalhar e alimentar ferramentas (a F-150 tem eletricidade suficiente para abastecer uma casa inteira por dois dias). Em junho de 2022, a Ford anunciou que as vendas de seus veículos elétricos haviam aumentado 77% em comparação com 2021 e as vendas aumentaram em mais de 30%. Isso devido, em grande parte, à demanda pela nova F-150 Lightning.

A análise do discurso de Laclau e Mouffe nos ajudou a ver possibilidades de mudança no projeto. Como observadores, não nos envolvemos em opiniões sobre como diferentes mundos deveriam ou poderiam mudar. Em vez disso, vimos a mecânica de como a mudança observável acontecia na realidade. Como a gestalt mudou para um grupo de pessoas? E quando, o mais importante para os engenheiros de veículos na F-150? Identificar essa mudança ocorrendo no contexto da vida dos atuais motoristas da F-150 revelou uma oportunidade para abordar essa corrente que flui através da cultura. Como as ferramentas de Laclau ilustram, a mudança muitas vezes acontece sem que ninguém esteja ciente de sua presença. Chega até nós "como um ladrão na noite".

OBSERVANDO OS DETALHES

ENCONTRANDO PORTAIS PARA O INSIGHT

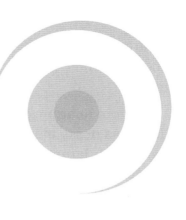

Digamos que você tenha nascido e crescido em Nova York no início do século XX. Imagine a vida nas ruas, os teatros, os metrôs. Antes de aprender a dizer seu próprio nome, você aprende a se habituar com o som ambiente de pessoas falando, rindo, gritando. Vidas são vividas ao seu redor, imunes à sua aprovação ou desaprovação. Como bebê, você se move fluidamente de seu carrinho para uma massa de corpos e depois outra, sem espaço suficiente nas calçadas para todos. Rostos constantemente entram e saem de foco. À medida que envelhece, você se acostuma com as pessoas saindo de todos os cantos e recantos de cada rua, varanda e loja. Uma esquina ou um vagão de metrô vazio é algo anormal.

Quando você é criado em Nova York e continua lá na fase adulta, sempre está a alguns passos de distância de outro corpo. Você se senta perto o suficiente de outras pessoas todos os dias a ponto de ver suas sobrancelhas, se elas lavaram atrás das orelhas e se há barba brotando nas bochechas. Mal consegue dizer uma palavra sem que alguém te ouça.

Agora imagine crescer em Hill Country, na parte central do Texas nesse mesmo período. Os primeiros colonos europeus apelidaram-na de a "Terra dos Horizontes Sem Fim", porque, sempre que tinham a certeza de ter encontrado o topo da última colina, chegavam ao pico e percebiam que havia inúmeras outras para escalar.

Como fazer uma ponte em nossa percepção entre a primeira experiência, a da vida em uma cidade densa, urbana e cosmopolita em meados do século XX, e a segunda, um planalto tão vazio e desprovido de pessoas que o movimento de uma nuvem passando cria um espetáculo na terra? Como a pessoa de um mundo entende a pessoa desse outro mundo tão diferente? Quais habilidades de observação nos ajudam a encontrar uma causa comum quando nosso senso de lar é tão radicalmente diferente? De que lugar imaginativo da percepção são construídos os portais entre nós?

Um modo de responder a essas perguntas é aprender com os mestres. Como eles usam a imaginação para transformar os dados brutos da observação direta em perspectivas significativas? Neste capítulo, veremos como usar os detalhes na observação para chegar a insights.

....

Robert Caro nasceu em 1935 em Nova York e cresceu lá. Depois de trabalhar como repórter para o *Newsday* após a faculdade em Princeton, ele decidiu voltar seu olhar observacional para uma das figuras mais emblemáticas da história da cidade de Nova York: o urbanista Robert Moses. Caro sabia que, se contasse a história de um dos homens mais poderosos de sua cidade, ele realmente estaria investigando a história dos mais fracos. Focando os famosos dançarinos, ele poderia entender melhor quem não foi convidado para o baile. *The Power Broker*, sua primeira grande biografia, foi publicado em 1974 e escolhido pela Modern Library como um dos cem melhores livros de não ficção do século XX.

Observar como a mecânica do poder funcionava em torno de Robert Moses deixou Robert Caro ansioso para encarar outra vida lendária, desta vez na política. Ele focou sua atenção em Lyndon Baines Johnson e uma carreira na política que durou quase seis décadas. Seu interesse, inicialmente, era entender melhor o gênio político de Johnson em seus anos no Senado e em seu mandato na Casa Branca. No primeiro de seus cinco volumes explorando a vida de Johnson, *The Path to Power*, Caro inicialmente não planejou passar muito tempo observando sua infância e onde ele havia crescido. O objetivo original era fazer algumas entrevistas sobre a infância de Johnson "para ter textura" e adicionar isso à narrativa principal: sua ascensão ao poder e como ele se tornara um gênio político.

Em seu livro de 2019, *Working*, em que descreve sua jornada para obter essa textura detalhada e rápida, Caro mudou de ideia. O nova-iorquino perfeito, um jornalista que descrevia sua vida como rodeada de "conversas animadas o tempo todo", chegou pela primeira vez a Hill Country:

> De repente, havia algo na minha frente que me fez parar na beira da estrada, sair do carro e ficar lá olhando para baixo. O que eu estava vendo era algo nunca visto antes: o vazio, um grande vazio.

Caro reflete nesse momento, e escreve: "Acho que percebi na minha primeira viagem a Hill Country, ou deveria ter percebido, que estava entrando em um mundo que eu, de fato, não entendia e para o qual não estava preparado."

Todos nós já nos sentimos assim. Nós nos sentimos mal preparados ou mesmo inadequados para a tarefa da imaginação e da empatia que temos à nossa frente.

Todavia, como Caro, não precisamos desistir. Quando Caro sentiu seu impedimento de observação, a incapacidade de obter um insight ou compreender o tema, ele não voltou para Nova York e tentou entrar no mundo de Johnson olhando pela janela de sua própria cidade. Nem teceu teorias e ideologias sobre as pessoas do campo no passado. Na época de sua pesquisa, não havia internet, mas certamente ele não a teria usado para fazer reportagens orientadas sobre a cidade natal de Johnson no Google Maps.

O que ele fez foi colocar seu corpo, como Merleau-Ponty chamaria, "seu aparato perceptivo", na experiência vivida de Johnson e de sua família. Caro sabia que a mãe de Johnson, Rebekah, ficava isolada e solitária em Hill Country, com seu marido sendo deputado estadual em Austin. Era um "tipo mais cruel de solidão, uma solidão difícil de visualizar, que eu não podia imaginar tendo crescido em Nova York". A infelicidade de Rebekah pesava sobre seu filho e criou um clima de pesar e tristeza em sua casa, e em seu coração.

Caro precisava saber mais sobre esse peso. O que o corpo faz e sente nesse isolamento? Quais sons são ouvidos? Como é o céu? O que se vê descendo a estrada quando nunca é outra pessoa?

"O que eu decidi fazer para saber, ter um gostinho, só para entender tanta solidão, foi passar um dia inteiro sozinho nas colinas, depois passar a noite lá, acordar no dia seguinte e passar outro dia sem ninguém além de mim."

Ele pegou um saco de dormir e se preparou para passar dois dias e uma noite inteiramente sozinho em um rancho em Hill Country. Na escuridão e na solidão, ele prestou atenção em todos os ruídos e sensações ao redor. "Você descobre coisas que nunca perceberia, a menos que fizesse algo assim", ele refletiu. "Como os sons da noite, com pequenos animais ou roedores mordendo galhos de árvores ou algo assim, podem ser tão assustadores; como as pequenas coisas ficam importantes."

Esses dias e a noite do isolamento, os primeiros em sua vida, abriram um portal de entendimento para Caro, outro mundo, outra vida. Ele conseguiu ver através dos olhos dos outros, sentir através do corpo deles e imaginar uma experiência da noite que estava longe de suas próprias associações de sons noturnos e sensações em Manhattan. Isso ativou sua imaginação de tal forma que ele conseguiu imaginar a perspectiva da mãe de Johnson. "Não importa em que direção Rebekah olhava", Caro escreveu no livro *The Path to Power*, "nenhuma luz era visível. A mulher gentil, sonhadora, estudiosa estaria sozinha, sozinha no escuro — às vezes, quando as nuvens cobriam a lua, na escuridão total —, sozinha no escuro quando ia na varanda bombear água, ia ao celeiro para alimentar os cavalos, sozinha com os sussurros das árvores e os salpicos repentinos no rio que poderia ser um peixe pulando, um pequeno animal bebendo ou alguém vindo".

Ao que tudo indica, Lyndon Johnson era um homem complexo. Quando Caro pegou seu saco de dormir e literalmente dormiu no lugar onde Johnson vivenciou seus anos de formação, teve acesso a um insight que abriu o entendimento para ele. Ele chamou essas pequenas compreensões de "revelações".

"Ao tentar analisar e explicar o caráter do homem complexo que foi Lyndon Baines Johnson, você encontra uma parte da explicação na natureza da terra dura e solitária onde ele cresceu."

A história de Lyndon Johnson, como Robert Caro descreve, é de poder e ambição. Quanto mais ele habitava o mundo de Hill Country, no Texas, no início do século XX, com falta de eletricidade, desolação, fome e sempre vazio, mais precisava capturar o contraponto à chegada ambiciosa de Johnson. Qual era o mundo da política em Washington, D.C., que LBJ encontrou quando chegou lá, em 1931, como assessor parlamentar?

Se você já passou algum tempo observando Washington, D.C., consegue descrever o mundo pelos detalhes do austero obelisco do Monumento de Washington ou da fachada da Casa Branca. Era verdade que todas essas estruturas — junto dos bares cheios de fumaça de cigarro e do barulho das salas de jantar onde a negociação acontecia — foram um apelo para Johnson e, de muitas maneiras, o criaram. Mas Caro nos diz que ele ainda sentia como se estivesse perdendo algo essencial nos detalhes do início de carreira de Johnson. O que despertava a ambição desse jovem desengonçado: os pulsos saindo das mangas da camisa e as orelhas se destacando nas laterais da cabeça? Caro tinha muitos dados brutos: entrevistas com quase todos que já haviam trabalhado com Johnson nos primeiros anos em Washington; e cada entrevista tinha detalhes sobre sua determinação e ambição. Mas qual era a gestalt dessas descrições? Como isso entra em foco filtrando as lembranças individuais, assumindo o formato de insight?

"Havia algo crucial que não estava adequado na minha escrita. Eu não estava entendendo bem o que essas pessoas estavam me dizendo sobre a profundidade da determinação de Lyndon Johnson, sobre a urgência frenética, o desespero, o avanço, e o avanço rápido."

Após centenas de entrevistas e tempo gasto todos os dias debruçando-se sobre os papéis de Johnson em sua biblioteca presidencial, em Austin, Caro entrevistou uma mulher chamada Estelle Harbin, que conheceu Johnson quando ele chegou de Hill Country pela primeira vez em D.C. como assistente parlamentar. Ela disse a Caro que via Lyndon Johnson chegando para trabalhar no Capitólio vindo de seu modesto hotel na estação de trem Union. Sua rota o fazia percorrer toda a extensão do Capitólio, e toda vez que Johnson se aproximava do prédio, Harbin disse a Caro, ele começava a correr.

Essa informação teve um efeito curioso sobre Caro. Ele podia sentir que tinha peso, uma espécie de qualidade literária. A força de sua estranheza exigia a atenção. No início, Caro presumiu que Johnson corria para o trabalho porque estava com frio em seu primeiro inverno real no norte. Mas, de acordo com a lembrança de Harbin, ele começava a correr somente depois de chegar no Capitólio.

Caro sabia por experiência própria que não devia forçar o foco desse insight antes de estar totalmente formado. Ele se propôs a percorrer o mesmo caminho, o caminho que Johnson fazia de seu hotel até os gabinetes do Congresso de seu primeiro emprego. Ele andou repetidamente sem ver nada que pudesse empolgar o jovem Johnson; com certeza nada com poder explicativo em relação à sua notável ambição.

> Então algo me ocorreu. Embora eu tivesse feito essa caminhada muitas vezes, nunca tinha feito na mesma hora de Lyndon Johnson, que era muito cedo de manhã, cerca de 5h30 no verão e 6h30 no inverno.

Assim como um portal se abriu para Caro quando ele levou seu saco de dormir para a escuridão de Hill Country, a intuição dele para espelhar os passos de Johnson na mesma hora de sua corrida matinal também se mostrou reveladora.

> Era algo que eu nunca tinha visto antes, porque, às 5h30 da manhã, o sol está surgindo no horizonte a leste. Seus raios estão atingindo com força total a fachada leste do Capitólio, iluminado como um set de filmagem.

Nesse momento, Caro percebeu o que Johnson tinha visto. Não era apenas o mármore, as colunas ou os frisos repletos de figuras heroicas. Uma câmera poderia capturar esses detalhes com grande precisão. Caro conseguiu ver a gestalt da imaginação de Johnson. Ao canalizar todo o poder de sua empatia analítica, pôde entender o que esses detalhes representavam para a pessoa: o brilho da luz, a glória e a vastidão do mármore reluzente. Eles contavam a história de um grande palco aberto, esperando o protagonista começar o drama épico. Era muito diferente do isolamento e do vazio triste de Hill Country. Que grande oportunidade era para ele se aproximar e finalmente desempenhar o papel principal! O cenário mostrando sua majestosa ascensão foi colocado em ação só para ele, e agora ele tinha de começar a trabalhar para tornar o mito uma realidade.

"É claro que ele corria", comentou Caro. Só depois de ver através dos olhos de Johnson ele pôde entender o *porquê*.

....

Como os insights de Caro ilustram, há uma relação dinâmica entre as partes (os detalhes) e o todo, a gestalt. Quando Caro se conecta aos detalhes da vida de Johnson, descobre um portal para esse mundo, um insight para algo essencial sobre como Johnson seguia sua vida. Assim como nós temos idas e vindas entre as realidades de nossa percepção, Caro conseguiu ir e voltar de sua vida em Nova York através de um portal imaginário para esse mundo. Acordando sozinho em seu saco de dormir no centro do Texas, ele chegou a um lugar de entendimento sobre a gestalt do isolamento da infância de Johnson. Isso se tornou tão real para Caro quanto o som de táxis buzinando e o cheiro de pretzels em sua própria vida em Nova York.

Se temos alguma esperança de ter acesso a outra realidade ou ao mundo de outra pessoa, primeiro devemos deixar de lado os contornos de nossos próprios mundos. Quando olhamos o mundo, percebemos figuras, formas e tamanhos, então preenchemos as informações visuais ausentes ou ambíguas com nossos próprios mapas. Merleau-Ponty argumentou que é onde a realidade existe. Para Johnson, ela existia nas noites solitárias de sua infância tanto quanto existia nas corridas matinais pelo Capitólio. Mas até que estejamos dispostos a levar nossos sacos de dormir e passar a noite no frio, nunca "veremos" essa realidade. Os mundos dos outros permanecerão fechados, a menos que possamos encontrar as chaves para eles.

A primeira vez que encontrei uma dessas chaves foi quando ainda era jovem e folheava livros na minha biblioteca local. Peguei um título com o nome Aristóteles na lombada. Quem era essa pessoa? Sobre o que era? Quando entrei no mundo dele sem saber, sentado e lendo *Física*, tive um insight que levei décadas para desvendar. O insight veio de sua descrição do fenômeno de objetos caindo no chão. Aristóteles observou que os objetos caem porque precisam ir para casa; eles querem estar no lugar ao qual pertencem.

Li sua explicação, simples e direta, repetidas vezes. Pareceu-me ridículo, mas também estranha e intrigante.

Então comecei a ter uma sensação desorientadora, semelhante à vertigem, percorrendo meu corpo. O mundo de Aristóteles, a Grécia Antiga, não tinha compreensão da gravidade. Em seu mundo, os objetos caíam no chão porque estavam com saudade de casa. Não sou nenhum estudioso de Aristóteles, mas no minuto em que aceitei essa observação como verdadeira e relevante, fui transportado para uma compreensão profundamente empática de seu tempo e lugar. Para mim, foi o portal para um cotidiano que era radicalmente diferente do meu.

Desde então, tive essa vertigem de percepção combinada inúmeras vezes, e isso sempre acontece de modo semelhante. Eu me deparo com uma ideia ou ocorrência que parece estranha, curiosa ou simplesmente absurda para ser levada a sério. Mas quando penso um pouco mais, fica cada vez mais claro que as pessoas observadas realmente pensam que essa estranheza é verdadeira e perfeitamente normal. Não só isso, essa verdade permeia tudo na vida delas. A observação do que me é estranho ganha uma espécie de peso simbólico ou mesmo de qualidade literária: parece que de alguma forma se encaixa em uma história maior e mais importante. Assim como as ideias de Aristóteles sobre a gravidade abriram o mundo da física aristotélica que dominou a cultura ocidental até Isaac Newton, observações aparentemente pequenas podem ser a chave para uma compreensão muito maior da lógica interna. Qual é a crença de que os objetos precisam ir para casa, o lugar ao qual eles pertencem? Quando li essas palavras e comecei a entender seu significado, senti uma mudança da gestalt de *gravidade* para *os objetos que sentem saudade*. Robert Caro mudou da *conectividade urbana* para o *isolamento rural*. É quando seguimos a trilha do curioso ou do estranho que acabamos com indagação e introspecção: começamos a fazer perguntas que não fizemos antes e a pensar sobre o mundo de maneiras jamais esperadas.

Ao buscar o curioso e o estranho, prestamos menos atenção *no que* as culturas e as pessoas estão pensando, e nosso foco fica em *como* elas pensam. Quais estruturas compõem suas experiências e como elas são navegadas? Após minha descoberta adolescente com Aristóteles, descobri que essa mesma prática observacional poderia transformar os detalhes aparentemente comuns de minha vida em estruturas ricas e complexas. Os funcionários lidando com a papelada nos escritórios de Copenhague se tornaram tão fascinantes e dignos de estudo quanto as obras de arte na Galeria Nacional da Dinamarca. As pessoas enviadas para limpar a sujeira dos pombos no Circo Piccadilly tinham valores e orientações tão sofisticados quanto os cavalheiros atravessando as ruas de paralelepípedos da Universidade de Oxford. Mundos invisíveis se revelam se você os considera dignos de seu foco e de sua atenção. Assim, o normal e o cotidiano se tornam mágicos, e você aprende que a vida está repleta de significado.

No Laboratório do Olhar de Wertheimer, ele se referiu a isso como imagem/fundo: para perceber uma imagem, você também deve perceber o fundo. É por isso que as ilusões de ótica são tão usadas para exemplificar as teorias gestálticas, porque elas chamam a atenção para como nossa percepção depende do contexto do primeiro plano e do plano de fundo. Você nunca realmente vê algo, não pode alcançar uma observação significativa, a menos que esteja vendo em seu contexto completo. Quando estendemos essas ideias para incluir nossa empatia analítica, isso explica como Caro pôde "ver" Johnson somente quando entendeu a profundidade de seu isolamento inicial.

Como Caro ilustra, uma das habilidades humanas mais extraordinárias é a nossa capacidade de prestar muita atenção aos detalhes na vida de outras pessoas sem perder o senso do todo: podemos analisar a imagem sem nunca perder a consciência do fundo. Por exemplo, podemos ver um anel no balcão de um joalheiro e entender que o casal ao lado está olhando para ele pensando em seu casamento em breve. Podemos prestar atenção em detalhes como o corte e a cor da joia, e esses detalhes servem para enriquecer nossa compreensão empática do casal e de sua emoção pela aventura romântica que os aguarda.

Quando você se propõe a observar, não está procurando colocar foco nos detalhes. Está cultivando uma atenção que lhe permite perceber o todo — por exemplo, o todo do romance do casal ou o todo o caminho de Johnson até o poder. Você não quer prestar atenção apenas em um detalhe ou outro. O poder de um insight vem quando nossa atenção muda com destreza entre os detalhes e o campo fenomenal inteiro.

Robert Caro nos mostra como dominar a observação desses detalhes, transformando-os em insights. Há outro escritor, ferozmente idiossincrático e infinitamente criativo em suas ambições, que nos dá um exemplo de como é falhar. O que acontece quando observamos dados brutos com uma atenção meticulosa aos detalhes sem nunca reconhecer o contexto, ou o fundo, no qual esse detalhe ocorre? O que significa ver um lugar como a Rua 13 (um estudante de moda, uma escola, um caminhão ou um carro) sem reconhecer a confusão total de todas as ações humanas? São as mesmas questões que fomentaram um dos trabalhos de observação mais espetaculares e malsucedidos já colocados no papel.

....

Georges Perec nasceu em 1936, em uma família judia da Polônia, em um bairro da classe trabalhadora de Paris. Sua infância foi repleta de traumas — seu pai morreu quando jovem servindo como soldado na Segunda Guerra Mundial, e sua mãe foi assassinada em um campo de concentração nazista. Alguns de seus trabalhos descrevem esses eventos devastadores com detalhes autobiográficos, mas todos seus experimentos artísticos — na forma de filmes, peças, ensaios e romances — exploram o fracasso, a ausência, a repressão e uma ordem mundial caracterizada pela ambivalência cósmica. Em 1965, uma de suas primeiras obras de ficção, *Les choses: Une histoire des années soixante* (traduzido em inglês como *The Things: A Story of the Sixties*) foi publicado com grande aclamação na França, ganhando o prêmio literário Prix Renaudot. Os protagonistas do livro, um jovem casal descompromissado com seu trabalho como pesquisadores de mercado, passam o tempo todo catalogando as coisas luxuosas que compram, compraram ou desejam comprar no futuro. O primeiro capítulo pode muito bem ser uma visão satírica de um anúncio imobiliário com suas páginas detalhadas descrevendo um apartamento ricamente decorado. A frase de abertura do romance não tem nada dos personagens, é apenas um "olho" de cobiça aproveitando as oportunidades de aquisição: "L'œil, d'abord, glisserait sur la moquette grise d'un long corridor, haut et étroit [O olho, a princípio, deslizaria sobre o carpete cinza de um longo corredor, alto e estreito]."

Ao ser publicado, o livro foi imediatamente aceito pela cultura jovem inconformista da França. Irritados com a guerra na Argélia e com o papel da França como colonizador valentão, eles ansiavam por Georges Perec para se encaixar em seu molde de artista político empunhando uma espada satírica de crítica marxista. Ele poderia ser sua mascote: o escritor de uma geração para criticar uma cultura francesa apanhada em um sonho de febre capitalista.

Mas Perec recusou. Em vez de se concentrar na crítica política ou sociológica, ele seguiu uma direção muito mais idiossincrática. Como todos os observadores ambiciosos, ele ansiava por uma maneira de observar o mundo sem ideologia ou sistemas fechados de pensamentos, algo a que ele se referia como "sistemas terroristas". Em vez disso, em um artigo que publicou em 1973, ele pediu uma nova forma de ver o mundo. Chega de notícias, reportagens e jornalismo, ele argumentou. Esses modos de representar a realidade estão interessados apenas em observar o exótico e o incomum. Georges Perec queria descrever não o extraordinário, mas o mais comum.

> Onde está o resto, o resto de nossas vidas, o resto do que realmente acontece? Como podemos dar conta do que acontece todos os dias e continua acontecendo sem parar: o banal, o cotidiano, o óbvio, o comum, o ordinário, infra-ordinário, o ruído de fundo habitual da vida? Como abordar, como descrever?

O manifesto de Perec não era muito diferente do trabalho que Boas realizou quando foi à Ilha Baffin para seu primeiro estudo sobre migração. Enquanto ele estava sozinho e isolado de sua própria cultura, descobriu o que era comum e cotidiano nas práticas contextuais do povo Inuíte. Essa perspectiva lhe deu uma nova forma de ver as práticas de sua própria cultura como um físico alemão educado e criado no século XIX.

Mas Perec queria algo ainda mais radical do que Boas e seu primeiro grupo de antropólogos. Ele pediu que seus leitores renunciassem por completo ao estudo de outras culturas que os afastava de si mesmos e criassem uma disciplina focada apenas no que ele chamou de a "invisibilia" da vida comum. Era um apelo para um novo tipo de prática observacional, uma "que extrairá de nós o que nos foi roubado há tempos: não exótica, mas endótica".

> O que devemos questionar são os tijolos, o concreto, o vidro, nossas maneiras à mesa, nossos utensílios, nossas ferramentas, nossos horários, nossos ritmos de vida. Questione o que parece ter deixado de surpreendê-lo. Estamos vivos, com certeza; respiramos, sem dúvidas; caminhamos, abrimos portas, descemos as escadas, nos sentamos à mesa para comer, nos deitamos na cama para dormir. Como? Onde? Quando? Por quê?
>
> Descreva a rua onde você mora. Descreva outra. Compare.

Como em resposta à sua própria missão, Georges Perec fez exatamente isso. Ele pegou seu caderno e uma caneta e sentou-se na Place Saint-Sulpice, em Paris, por três dias em outubro de 1974. Ele começou sua observação detalhando, em um pequeno parágrafo, o que era normalmente visto e descrito em Saint-Sulpice, coisas como "um prédio do conselho distrital, um prédio financeiro, uma delegacia de polícia, três cafés, um dos quais vende tabaco e selos, um cinema, uma igreja na qual Le Vau, Gittard, Oppenord, Servandoni e Chalgrin trabalharam, e que é dedicado a um capelão de Clotário II, que foi bispo de Bourges de 624 a 644, e que celebramos no dia 17 de janeiro".

É uma lista parcial do que a maioria de nós vê em um dia comum naquela esquina. Mas e os outros detalhes? O que acontece quando tentamos observar o que fica de fora da imagem? Como é ver o que é tão comum e cotidiano que nem deixa uma impressão em nossa consciência?

Minha intenção nas páginas que se seguem foi descrever o resto: o que geralmente não é anotado, o que não é observado, o que não tem importância: o que acontece quando nada acontece além do clima, das pessoas, dos carros e das nuvens.

O objetivo de tal exercício, aquilo a que Perec se referia como "endótico", ou o oposto do exótico, não era diferente dos objetivos das observações de outros mestres. Perec queria fazer algo óbvio e radical: olhar sem qualquer noção preconcebida. Ver a si mesmo vendo. E assim começa a sua "tentativa":

Resumo do inventário de coisas estritamente visíveis:

— Letras do alfabeto, palavra: "KLM" (no bolso da camisa de um transeunte), um "P" maiúsculo que significa "estacionamento"; "Hotel Recamier", "St-Raphael", "l'epargne a la derive [Poupança à deriva]", Taxis tete de station [Ponto de táxi], "Rue-du--Vieux Colombier" "Brasserie-bar La Fontaine Saint--Sulpice", "PELF", "Parc Saint-Sulpice".

Georges Perec tentou descrever Saint-Sulpice através do que é totalmente comum e invisível. Mas o que falta, e o que faz do seu trabalho apenas uma "tentativa", e não uma realização, é a ausência de um todo. Ao contrário da descrição de Caro da corrida matinal de Lyndon Johnson, há apenas detalhes aqui e nenhuma gestalt. Nunca encontramos o portal que nos leva a essa esquina específica de Paris nesse dia específico de outubro de 1974.

    O número 63 vai para Porte de la Muerte

    O número 86 vai para Saint-Germain-des-Pres

    Limpar é bom, não fazer bagunça é melhor

    Um ônibus alemão é melhor

    Um ônibus da Brinks

    O número 87 vai para Champs-de-Mars

    O número 84 vai para Porte Champerret

Ele lista cores, "bolsa azul/sapatos verdes/capa de chuva verde/táxi azul/citroën 2cv azul", mas o que significam? Por que importa que uma pessoa tenha escolhido usar essa bolsa azul em particular, enquanto outra escolheu usar sapatos verdes? Quais sapatos e para que tipo de evento? Eles são apertados e desconfortáveis ou são práticos e folgados? Como é tudo isso para as pessoas que vivem e trabalham em Saint-Sulpice? O mais importante: o que significa para Georges Perec? Não há nenhum mistério "inabalável" motivando seu esforço, nenhum caminho para o poder da compreensão.

Como Georges Perec se limita a encontrar um portal de entendimento para essas questões, sua obra não permanece como arte, mas como tentativa. Em sua publicação em inglês, o tradutor Marc Lowenthal até o chamou de *Uma tentativa de esgotar um lugar em Paris*. Perec falha, e certamente de propósito, porque ele não está revelando o que essa lista do ordinário e do invisível significa em seu contexto. Ele detalha "um homem com um cachimbo e uma mochila preta". Mas esse detalhe sozinho não nos diz nada sobre o mundo de Saint-Sulpice. Um cachimbo e uma mochila preta estão ligados a muitos mundos: um empresário da década de 1970 a caminho do trabalho, um aposentado andando pela cidade, um fashionista brincando com acessórios. Eles têm significado para nós, e é esse *significado* que vemos primeiro quando notamos um cachimbo e uma mochila.

Consigo imaginar Perec lendo Merleau-Ponty e se colocando em um desafio artístico imaginário com sua filosofia. Quando ele detalha "cachimbo" e "mochila", por quanto tempo podemos reter uma gestalt significativa ou um todo organizado? Quem está usando essas coisas? Qual a finalidade? Quais práticas de contexto compõem seu comportamento e por quê? Em sua tentativa, Perec nos deu todos os detalhes da rua sem nenhuma gestalt. O que é o mundo?

É claro que Perec entende suas limitações e, ao final de sua "tentativa", ele busca detalhes que permitam que suas observações se diferenciem. Em 19 de outubro de 1974, ele nos mostra o desgaste de detalhar o óbvio e o ordinário.

> O que mudou aqui desde ontem? À primeira vista, é bem igual. Talvez o céu esteja mais nublado? Seria realmente subjetivo dizer que há, por exemplo, menos pessoas ou menos carros. Não há pássaros à vista. Há um cão na praça. Acima do hotel Recamier (muito atrás?), um guindaste se destaca no céu (estava lá ontem e não me lembro anotar isso). Eu não poderia dizer se as pessoas que estou vendo são as mesmas de ontem e se os carros são os mesmos. Por outro lado, se os pássaros (pombos) viessem (e por que não viriam?), eu teria certeza de que seriam os mesmos.

Sua tentativa nos leva a Saint-Sulpice? Não. Georges Perec escreveu seu manifesto original com desafios específicos para detalhar a vida como ela é vivenciada em seus cantos e recantos mais invisíveis:

> Faça uma lista do conteúdo dos seus bolsos, da sua bolsa. Consulte a origem, o uso e o futuro de cada um dos objetos encontrados.
>
> Interrogue as colheres de chá.
>
> O que tem debaixo do papel de parede?
>
> Quantos movimentos você tem que fazer para teclar um número de telefone? Por quê?
>
> Por que você não pode comprar cigarros na farmácia? Por que não?
>
> Pouco me importa que essas perguntas sejam fragmentárias, pouco indicativas de um método, no máximo um ponteiro para um projeto. Importa muito que essas perguntas pareçam triviais e fúteis. É exatamente isso que as torna, pelo menos, essenciais ou mais do que tantas outras por meio das quais tentamos em vão entrar em sintonia com a nossa verdade.

Ao praticar suas habilidades, usando a bravura intelectual do manifesto de Georges Perec, mas a compaixão meticulosa da execução de Robert Caro como guia, você começará a conectar seus detalhes com a gestalt geral. Ao aprender a observar e descrever os detalhes, começamos a nos treinar para ver o primeiro plano em relação com o plano de fundo, cultivando essas habilidades de hiper-reflexão. Trabalhamos para ficar quietos e ver como os diferentes mundos fazem sentido.

Se não puder ou não quiser passar a noite na vastidão empoeirada de Hill Country, no Texas, suas observações não conterão nada com poder explicativo. Portanto, você deve treinar. Pratique: observações sem um "você" dentro delas são apenas listas. Siga obsessiva e intencionalmente seus dados. Preste atenção ao que é engraçado, estranho ou peculiar. Sacrifique seu próprio conforto para que possa sair e dar uma olhada ao redor.

VENDO O FUTURO NO PRESENTE

A HISTÓRIA DO MEU LABORATÓRIO DO OLHAR

Para Donald Judd, James Turrell e Seth Cameron, era o corpo em luz, cor e espaço. Para Ernesto Laclau e Chantal Mouffe, era uma mudança social. Para Robert Caro, era o poder e a ambição de Lyndon Johnson. Para Maurice Merleau-Ponty, era o fenômeno da percepção em si.

Para mim, bem, era o controle remoto.

No início dos anos 2000, eu me perguntava por que raios alguém ainda usaria um controle remoto para assistir televisão e pagaria por um pacote de programação síncrona? Por que as pessoas se sentavam inertes diante de um retângulo de design ruim e se conformavam com as histórias e as ideias na programação de outra pessoa? Parecia muito estranho para mim que as pessoas passassem por centenas de canais só para começar tudo de novo depois de circular por todos eles. A estranheza do controle remoto e da assinatura de US$100 da TV a cabo era um portal para o futuro da mídia. Senti uma vontade obsessiva de descobrir: *por que as pessoas se comportavam assim?*

Simon Critchley, meu amigo e colaborador no curso de Observação Humana, argumenta que toda filosofia vem de uma profunda decepção com o mundo. Merleau-Ponty ficou desapontado com a maneira como a tradição de centenas de anos de filosofia, começando com Descartes, descrevia nossa experiência de percepção. Ele simplesmente tinha de criar algo melhor, algo mais preciso. Não era uma escolha, era imperativo. A decepção impulsionou sua filosofia em direção a uma articulação nova e melhor de nossa experiência de ser humano.

Eu diria que a mesma força impulsiona todos os esforços criativos. Com nosso desapontamento com as práticas que compõem nosso cotidiano — as redes sociais que nos afastam ainda mais, a tecnologia que não funciona, os cuidados de saúde que nos deixam doentes —, os pensadores criativos seguem sua decepção para chegar a melhores insights e, por fim, melhores soluções.

Foi esse desapontamento que caracterizou minha obsessão pelo controle remoto. Parece algo pequeno e inconsequente, mas eu via suas limitações em todos os lugares. Eu ouvia as pessoas reclamando sobre seus pacotes de assinatura ou as frustrações sobre não haver nada para assistir depois do trabalho. Eu pegava controles remotos em hotéis no mundo inteiro e, em cada encontro com eles, minha decepção cresceria: *por que é tão insatisfatório — estúpido, realmente?* Claro, outras obsessões me instigavam na época também. Nichos de comportamento humano que não faziam nenhum sentido para mim. A prática de ioga se afastando da esfera da espiritualidade e entrando no mundo do esporte. A tecnologia dos carros autônomos não entendendo a percepção humana. A conectividade criando mais abismos do que pontes em comunidades de todo o mundo. Pessoas se recusando a tomar o remédio que tornaria a vida melhor e mais longa. Eram as perguntas que eu estava sempre tentando responder, as observações diretas que continuava tentando fazer.

Você não precisa de um motivo além de sua própria curiosidade obsessiva para seguir um fenômeno: sua prática não precisa tornar o mundo um lugar melhor, romper com um setor inteiro e nem adicionar à literatura acadêmica uma descoberta ou outra. Na verdade, se você está começando sua investigação com qualquer um desses objetivos, provavelmente ficará muito aquém. O que é necessário para começar é a vontade de entender o comportamento humano e o mundo social que o deixa perplexo. Por que as pessoas fariam tais coisas?

Com 20 e poucos anos, eu pensava que a academia era o lugar onde poderia seguir qualquer fenômeno que me sentisse impulsionado a explorar. Afinal, a academia é vendida aos estudantes como uma arcádia da liberdade e da inspiração intelectual. A realidade, como descobri, é muito diferente. Os acadêmicos com quem passei um tempo não pareciam se divertir muito. Alguns sim, mas não era a norma. Pior ainda, sua "diversão" era vista como suspeita. Os professores que trabalhavam nas universidades passavam grande parte do tempo lutando por recursos excessivamente limitados, enquanto as burocracias acadêmicas só aumentavam. Não era para mim.

Depois disso, pensei que o jornalismo seria um lugar para eu transitar com liberdade. Trabalhei para um pequeno jornal independente na Dinamarca e outro em Londres, e gostei muito, mas não pude deixar de ver que algo estava errado com o mundo da mídia. No início dos anos 2000, o declínio na publicidade e o movimento em direção a notícias online em tempo real estavam cobrando seu preço na mídia impressa. Meus colegas odiavam as mudanças que estavam minando seus meios de subsistência e suas práticas de trabalho. Cada reunião editorial era um microcosmo inicial do declínio do setor no século XX. O clima nas redações era sombrio, e senti que as próximas décadas seriam ainda piores, com pessoas sendo demitidas a cada seis meses. Quando deixei o jornalismo, a maioria dos orçamentos para o jornalismo investigativo havia evaporado. Era hora de seguir em frente. Mas para onde?

A curiosidade que levou às minhas perguntas cresceu em escala, e eu sabia que os insights que buscava eram globais, não locais. Se eu realmente quisesse encontrar respostas para perguntas sobre, digamos, o futuro da culinária, como as pessoas se relacionam com seu dinheiro e bancos, o papel de ganhar e perder na inteligência artificial e como a percepção funciona nos veículos autônomos, precisaria aumentar a escala. Os projetos que imaginei exigiam colegas observadores altamente qualificados para me ajudar a coletar e processar os dados. Eu precisava que eles fossem diferentes de mim, de diferentes lugares e com diferentes origens culturais para manter minhas próprias suposições e minha preguiça intelectual sob controle. Se as pessoas com quem você trabalha olham e pensam como você, algo está errado.

Também precisaria de recursos consideráveis para manter a pesquisa até chegarmos a insights. Significava grandes orçamentos de pesquisa para enviar observadores no mundo inteiro para coletar dados e muito tempo para manter um processo observacional aprofundado. Diante de tudo isso, parecia haver apenas um caminho para minha vida profissional e vocacional. Eu teria de iniciar meu próprio Laboratório do Olhar.

Porém, não se pode iniciar uma empresa sozinho. Pelo menos, eu não queria isso. Nesse período, tive a sorte de compartilhar muitas de minhas obsessões com colegas e amigos respeitados. Filip Lau morava a 180 metros de distância da casa em que cresci, e fizemos o ensino médio juntos. Depois de estudar sociologia e filosofia, respectivamente, na universidade, muitas vezes ele e eu nos encontrávamos para compartilhar pensamentos sobre as curiosidades que impulsionavam nossa pesquisa. Cada vez mais nos sentimos alinhados em nosso interesse em trazer as metodologias e práticas observacionais de nossos campos acadêmicos da sociologia e da filosofia para um mundo maior. Conheci Mikkel B. Rasmussen nessa época. Ele trabalhava como funcionário público do governo dinamarquês, e nós dois rapidamente encontramos uma causa comum, tanto nas decepções em nossas respectivas burocracias isoladas quanto em nossos objetivos para o futuro. Ainda não conheci uma pessoa mais criativa ou alguém que me inspire mais. Filip, Mikkel e eu decidimos montar uma empresa para seguir nossos interesses comuns. Mais tarde, conhecemos Charlotte Vangsgaard e Jun Lee, ausentes na fundação da empresa, mas quase fundadores também.

Se todos fôssemos franceses e vivêssemos na metade do século XX, poderíamos ter encontrado uma base hospitaleira na academia. Se tivéssemos nos conhecido na década de 1970, provavelmente teríamos fundado uma revista impressa, uma banda ou uma gravadora. Como aconteceu, nós nos conhecemos no início dos anos 2000, e a organização mais interessante — oferecendo a maior liberdade acompanhada dos maiores orçamentos para seguir todos nossos interesses intelectuais — era uma consultoria. Mas chamar isso de consultoria é um erro. A maioria das consultorias é estruturada para atender às necessidades dos clientes. Nosso objetivo nunca foi outra coisa senão saciar nossa própria curiosidade. Os clientes nos procuravam com um problema específico, mas sempre encontrávamos um jeito de transformá-lo em um fenômeno que estávamos genuinamente interessados em explorar. Isso nos deixava em uma posição única para recusar o trabalho que não nos ajudava a abordar uma de nossas obsessões intelectuais mais profundas. Os recursos necessários para fazer nosso trabalho bem também acabavam descartando as empresas muito pequenas ou os departamentos muito distantes da diretoria executiva. Quando se quer fazer uma pesquisa sobre questões maiores, as únicas pessoas em posição de fazer qualquer uso dela são também as pessoas no comando. Isso nos atendia perfeitamente — contanto que recebêssemos recursos para fazer nossa pesquisa em larga escala com integridade e rigor, ficaríamos felizes em compartilhar nossas descobertas e ideias com a diretoria.

Por um capricho, acabamos com o nome ReD Associates. O nome não significava muito, mas essa irreverência também era importante: nunca quisemos que nosso grupo se tornasse um símbolo de ideologia ou um segredo com "cinco pontos" para o sucesso. Nosso pior pesadelo era um slide do PowerPoint proclamando nossa metodologia de marca. Nossa sensibilidade compartilhada era um profundo ceticismo de qualquer dogma ou estrutura ideológica que obscurecesse a potência da observação clara e direta. Nossa oferta para o mercado em tudo isso era o único atributo que oferece insights: siga o fenômeno e veja aonde ele leva você.

Como resultado, criamos uma empresa completamente idiossincrática e, em muitos aspectos, indulgente consigo mesma. Não nos importávamos se o que fazíamos ajudasse as corporações ou as instituições que nos contratavam. Fazíamos isso por nós mesmos. Os insights e as ideias que descobrimos eram a recompensa final. Por conveniência, eles também abriram oportunidades criativas e soluções para nossos clientes em estratégia, desenvolvimento de produtos e inovação, gerando bilhões para suas empresas.

Com os anos, a ReD contratou mais de mil pessoas para ajudar em nossos esforços, e gastamos centenas de milhões de dólares em pesquisas para realizar nosso trabalho. Contratamos os observadores mais inteligentes e qualificados do mundo todo, afastando-os da academia com a promessa de escala, mais liberdade, mais diversão, e os enviamos para todo o planeta para estudar inúmeras questões de cultura e comportamento que nos deixavam perplexos. Juntos, incluindo novos parceiros e centenas de associados que se juntaram a nós na estrada ao longo dos anos, abrimos escritórios em Copenhague, Nova York, Londres, Paris, Hamburgo e Xangai. Criamos uma organização onde poderíamos empenhar enormes recursos para atender qualquer capricho e interesse que tivéssemos em praticamente qualquer coisa. Sabíamos que, na maioria das vezes, poderíamos tornar isso útil para as empresas ou outras instituições, como governos e ONGs globais.

Trabalhamos com a Samsung em mais de trinta estudos diferentes ao longo de uma década para entender o surgimento do smartphone e seu impacto na sociedade; fizemos parceria com a Intel por dez anos para ver como os "computadores" (PCs) estavam mudando para a "computação" (a nuvem), ajudando a orientar as iniciativas de um grande fabricante de chips. Quando os perfis de alimentos e sabores locais se espalharam pelo mundo, estudamos como funcionava e o que tudo isso significava. Fizemos parceria com indústrias farmacêuticas em distantes cantos do globo para investigar por que as pessoas não tomavam seus medicamentos e tantas comunidades hesitavam em tomar as vacinas. Enviamos nossos pesquisadores para o Oriente Médio para entender o Islã radical na Fraternidade Muçulmana e criamos marcas para os órgãos turísticos da Groenlândia e da Dinamarca. Adentramos fundo nas comunidades organizadas para fraudar cartão de crédito em grande escala e vivemos com os teóricos da conspiração QAnon para entender crenças como a teoria da terra plana e os negacionistas do Holocausto. Durante esse tempo, trabalhamos com as maiores empresas do mundo, nomes como Ford, Chanel, Lego e Adidas, e vimos o mundo da moda virar de cabeça para baixo, os carros se tornarem elétricos, os brinquedos ficarem digitais e os esportes mudarem radicalmente.

Em nossa busca, muitas vezes, desempenhamos um papel contrário. Ao longo dos anos, diferentes tendências em torno da criatividade e da inovação vieram e se foram. Às vezes envolviam post-its, workshops e pensamento "criativo" em que todos deveriam ponderar. Outras vezes, envolviam especialistas, formadores de opinião e outras sumidades da criatividade que usavam ferramentas de adivinhação para discernir as tendências criativas vindas do alto.

Nosso trabalho na ReD passou por tudo isso, mostrando aos nossos clientes que a moda da criatividade era uma distração. Quando você chega a insights significativos sobre um fenômeno, é fácil imaginar produtos e serviços que parecerão relevantes para as pessoas. A criatividade nunca é radical, os insights sim.

Na ReD Associates, não inventamos nenhuma nova metodologia. Usamos as práticas observacionais deste livro. Cada sócio do escritório pegou essas práticas e usou nossa plataforma para fazer o trabalho que queria, fazendo as perguntas que os mantinham acordados à noite, seguindo suas próprias obsessões. Nossa empresa foi criada precisamente para essa liberdade.

Saia e encontre um Laboratório do Olhar que o inspire ou crie um você mesmo. Veja se as pessoas que investem em você têm ótimos retornos. Comece com a observação sempre. Não pense, olhe.

OBSERVANDO PRÁTICAS NORMAIS E MARGINAIS

POR QUE AS PESSOAS ASSINARIAM UMA TV A CABO?

Várias empresas de telecomunicação norte-americanas e europeias, novas empresas de tecnologia vindas do Vale do Silício, bem como uma colossal fabricante de TVs, foram convencidas a financiar uma série de projetos para entender esse fenômeno. Para estudar o futuro da tecnologia em relação à prática humana, são necessárias técnicas e perspectivas para guiá-lo, ou você se perde. Há muita coisa por aí, muita coisa acontecendo. Então, o que é relevante e o que é ruído? Para revelar um novo mundo de mídia e de consumo dela, usamos um método chamado "Práticas Normais e Marginais".

Foi assim que, no começo dos anos 2000, me encontrei imerso em dados observacionais de uma subcultura envolvida em uma "prática marginal" em Okinawa, Japão. Práticas marginais são comportamentos que ocorrem fora da norma das práticas sociais para o fenômeno. Em 2004, era normal usar o controle remoto para assistir a um pacote de assinatura de TV a cabo ou qualquer programa que estivesse passando na rede de TV. O que não era normal, claramente marginal, era a prática social compartilhada de um pequeno grupo de pessoas em uma cidade japonesa, com todos interessados em filmes e programas de TV filmados em

Monument Valley, no nordeste do Arizona. Filmes como *No Tempo das Diligências,* de John Ford, e *2001 — Uma Odisseia no Espaço,* de Stanley Kubrick, foram todos filmados nesse grande vale por causa de suas colinas de aparência lunar. O grupo em Okinawa não compartilhava outras semelhanças: alguns eram velhos, outros eram jovens, alguns usavam gravatas e tinham profissões com "salário", enquanto outros eram folgados em seus quartos de infância. A obsessão que os unia era um interesse por encontrar uma mídia filmada nesse cenário. Parecia uma micro-obsessão altamente específica. Em uma época de primeiro acesso à internet e redes sociais limitadas, eles se esforçavam muito para conseguir isso. Os grupos conversavam por anos sobre onde acessar os artigos, os documentários e os filmes que estavam procurando sobre Monument Valley. Eles compartilhavam versões digitalizadas de gravações VHS antigas com um som terrível e faziam o melhor que podiam para se conectar com outros aficionados pelo Monument Valley no mundo inteiro usando sites de redes sociais como o Friendster. Os amigos de Monument Valley seguiam a vida uns dos outros sem nunca terem se encontrado, mantendo contato em salas de chat e plataformas como Reddit e WELL.

A subcultura em Okinawa assistia juntos aos filmes por horas e conversavam online e por texto enquanto assistiam. Muitas vezes, várias pessoas se apertavam em frente a duas telas de PC. Uma tela mostrava o filme, e a segunda tela era mantida aberta para uma discussão sobre o que elas estavam assistindo em uma linguagem altamente detalhada e específica, difícil de decifrar para quem era de fora.

O grupo em Okinawa nos levou a centenas de outras comunidades exibindo essa prática marginal no mundo inteiro — de porões nos subúrbios em Montana a dormitórios na Coreia do Sul, Lagos e Austin, e "watch parties" com advogados e executivos em cidades cosmopolitas de todo o mundo —, com cada grupo buscando um material diferente para assistir, mas com os mesmos padrões de comportamento. Eram grupos organizados em torno de microinteresses e estavam caçando em todo o globo seus interesses cada vez mais especializados. Isso veio a ser chamado de "conteúdo", não arquivos ou TV, e incluía filmes, artigos e vídeos. A palavra *conteúdo* parecia estranha e importante de alguma forma. Nossa intuição foi a de que "conteúdo" poderia ser um gancho para uma história maior, uma contração de todas as formas de assistir em uma palavra, uma mudança da gestalt esperando para acontecer.

Estava claro que a TV a cabo, e o comportamento mais convencional em torno de assistir TV, não dava a essas comunidades o que elas buscavam, então muitas recorreram a uma prática marginal de download ilegal. O Napster já havia criado caos na indústria da música, dando aos usuários acesso a mídias protegidas por IP, então os sites BitTorrent que ajudaram os usuários a baixar e fazer upload de arquivos não eram a inovação aqui. Os torrents (arquivos com metadados) eram simplesmente as únicas plataformas que ofereciam a essas subculturas o conteúdo que elas realmente queriam. Elas teriam pagado de bom grado pela mídia que usavam, mas isso não era possível. As assinaturas de TV a cabo simplesmente não tinham nada a oferecer. Elas tiveram de roubar. Quando observamos nossos entrevistados acessarem novos downloads ilegais, notamos o surgimento da prática marginal que viria a ser conhecida como "maratonar séries". Eles não assistiam apenas ao último episódio de seu programa favorito uma vez por semana, mas faziam maratonas de exibição globalmente por horas a fio. Anos mais tarde, a Netflix popularizou esse comportamento lançando todos os episódios de um programa de uma só vez.

Nos quatro continentes, passamos meses analisando esse consumo assíncrono da mídia: como dezenas de milhares de pessoas encontraram maneiras de organizar grandes quantidades de arquivos de mídia em milhares de servidores host para criar a mídia que queriam ver? Encontramos comunidades superlocais surgindo na internet em que microcelebridades se dirigiam a uma pequena fatia de pessoas em cada país. Dentro dessas práticas marginais, algumas dessas microcelebridades iniciaram blogs ou criaram uma série de pequenos videoclipes. Hoje, nós as chamaríamos de influenciadores online, youtubers ou criadores de conteúdo, mas, na época, o fenômeno era novo. Cada celebridade atraía apenas um pequeno público, mas, somado globalmente, foi criado um novo modelo de negócio para a mídia.

Seguindo as migalhas de pão dessas microcomunidades globais, descobrimos outras evidências do que parecia ser um novo comportamento. As pessoas que inventam e adotam essas novas formas de mídia raramente usam suas TVs. Muitas tinham grandes aparelhos de TV, mas interagiam com a mídia principalmente nas telas menores dos notebooks. A qualidade da tela e, particularmente, o som era muito inferior em comparação com a TV no quarto ao lado. Mas a comunidade de mídia da qual faziam parte simplesmente não era acessível na tela grande. Elas também não pareciam se importar. Ficou claro para nós que, se esses comportamentos se tornassem populares, alguém precisaria avisar aos fabricantes de TVs e às empresas de TV a cabo.

Acabamos chamando o que encontramos de "TV Social", um novo tipo de TV sem raízes geográficas e assíncrona, mas de uma natureza profundamente social.

O movimento metodológico essencial quando você tenta estudar o marginal e o experimental é se ater ao fenômeno (nesse caso, o controle remoto) e não se deixar levar por tudo o que você observa. Nem toda nova prática experimental interessante é a chave para a mudança e o futuro. O importante é a combinação de observar e compreender o marginal com consciência do que é típico e usual todos os dias para a maioria das pessoas. O normal é tão vital quanto o novo. Se tudo o que você faz é caçar o estranho e o extraordinário, nunca entenderá o que pode acontecer. Mas quando combina o novo com o normal, pode apostar no que provavelmente se tornará a norma no futuro.

O comportamento marginal mais importante que observamos foi o fenômeno do consumo assíncrono da mídia ou o conteúdo de streaming em desacordo com um horário da TV a cabo ou da rede de TV, mas em um horário adequado aos espectadores individuais. Na época, em 2004, esse comportamento estava muito abaixo do radar dos executivos das maiores empresas de mídia do mundo. As assinaturas de TV a cabo e por satélite ainda eram muito lucrativas, e os fabricantes de TV ainda projetavam seus produtos para atender a essas assinaturas. Nossas observações nos mostraram que o streaming viraria de cabeça para baixo o mundo da mídia nos próximos 20 anos. Aconselhamos nossos clientes a se preparar para novos padrões de consumo que mudariam o mundo das notícias, dos esportes e da mídia nacional para todos. Criamos serviços para as TVs de grande difusão e transferimos enormes orçamentos para o desenvolvimento de novos produtos em streaming e micromídia altamente especializada.

Hoje sabemos que alguns podcasts, produzidos com apenas dois microfones e um notebook, têm mais ouvintes e espectadores em um único episódio do que uma semana inteira de conteúdo criado pela CNN. A empresa de mídia do século XXI agora consiste em mídia altamente especializada em diferentes plataformas online, como YouTube e Twitch, e já está substituindo as instituições de mídia do século XX.

Estudando os grupos de comportamento da mídia que apontavam na direção de práticas futuras, conseguimos ajudar a prever um futuro que já estava acontecendo no presente.

APRENDENDO A VER O FUTURO NO PRESENTE

O escritor William Gibson é conhecido por sua observação de que o futuro já está aqui, apenas distribuído de forma desigual. O futuro pode ser encontrado apenas em grupos ao redor do mundo, onde as práticas marginais já estão criando um comportamento que todos estarão tendo daqui a cinco ou dez anos. Para descobrir o que pode acontecer com um setor ou qualquer parte de nosso mundo humano, observar com atenção, e até mesmo participar dessas práticas marginais, pode ser um portal para entender o que vem por aí.

Gibson e outros autores de ficção científica já sabem disso. Eles lhe dirão que a fonte de inspiração para seu trabalho raramente são reflexões sobre o futuro, mas observações sobre os futuros concorrentes que existem e estão acontecendo agora. Esse olhar, ou essa perspectiva, é esclarecedor. Para observar esses futuros, é útil pensar sobre o que as pessoas em dez anos diriam sobre o que você está vendo hoje.

Essa ficção científica ou técnica de especulação de viagem no tempo pode ajudar ao classificar as observações empíricas de centenas de pessoas em todo o mundo. Muitas vezes, o futuro é descaradamente óbvio quando você combina as lentes duplas da prática marginal e imagina qual prática parecerá normal e cotidiana quando vista do futuro. Especulações como essa sempre precisam ser baseadas em observação empírica e coleta de evidências. Do contrário, se desvia para o absurdo da moda, muitas vezes referido como "liderança de ideias", "futurismo" ou "planejamento do cenário". Sem um processo de observação direta, todas essas práticas são apenas hipérboles.

Ao estudar qualquer prática ou relação com um fenômeno em determinado lugar geográfico, é necessário separar o que é comportamento universal e o que é comportamento específico para o local e os grupos de pessoas que você está observando. Quando se está, como nós, trabalhando em escala global, é preciso generalizar. Os aparelhos de TV, os carros ou os serviços online necessários para ajudar a criar e mudar foram projetados para um mercado mundial, e não havia como eles se individualizarem em cada cultura ou país. As pessoas têm diferentes maneiras de assistir televisão, dependendo da cultura local; chamamos isso de particularidades. Mas também é necessário e possível extrair motivos compartilhados para consumir ou criar um conteúdo de mídia que perpassa todas as culturas, e chamamos isso de universais. As pessoas são diferentes e têm raízes em diferenças significativas relativas a onde vivem e trabalham, mas é surpreendente quantas práticas universais todos nós temos e compartilhamos. É impossível fazer qualquer coisa para um mercado global sem separar os universais e as particularidades. E como a maioria de nossos clientes estava entre as maiores empresas do mundo, precisávamos equilibrar como nos diferenciar nas culturas locais e quando nos apoiar em nossa humanidade e sociologia em comum.

Para minha surpresa, os clientes com quem trabalhamos ao longo do tempo sempre nos disseram que tinham dificuldade para entender qualquer mudança significativa. Para defender sua posição de mercado, assumir riscos nem sempre é recompensado. Os orçamentos para pensar sobre a mudança e o futuro são significativos, mas não o suficiente em relação à sua importância. Algumas empresas com as quais trabalhamos precisaram ser arrastadas para o futuro. Não há nada de errado com isso, mas, na minha experiência, as pessoas tendem a subestimar o quanto podem e mudarão no nosso dia a dia.

Por exemplo, se há cinco anos você me dissesse que o mundo inteiro seria fechado por causa de um vírus vindo de um mercado de peixe em Wuhan, provavelmente eu teria revirado os olhos. A ideia de que administraríamos empresas globais em nosso home office e em nossos quartos teria parecido ridícula. No entanto, fizemos e ainda fazemos isso. Se há 20 anos alguém me dissesse que todas as pessoas teriam um pequeno pedaço retangular de vidro nos bolsos dando acesso a todas as informações já coletadas e um modo de falar com qualquer pessoa no mundo, eu também teria ficado cético. Na minha infância, a ideia central do movimento ambiental era se opor à energia nuclear. Mas se alguém dissesse aos membros desse movimento em 1989 que em apenas 30 anos eles acabariam vendo a energia nuclear como uma ideia positiva e razoável para lidar com as mudanças feitas pelo homem no clima e os combustíveis fósseis controlados por países administrados por déspotas, eles jamais teriam acreditado.

A mudança — radical — que seria incompreensível apenas alguns anos atrás acontece o tempo todo. Até as ideias mais profundas e básicas sobre o que significa ser humano mudaram. Há pouco tempo, e ainda para muitos de nós, ser humano significava ser filho de Deus. O mundo foi criado ao nosso redor, e nós respondemos a Deus. Agora pensamos de forma diferente sobre algo tão básico quanto nossa própria humanidade. Ser humano é ser um animal, confundindo os limites entre humano e natureza. As máquinas costumavam ser uma extensão mecânica de nós. Mas nos últimos dez anos, elas começaram a compartilhar muitas de nossas características (como reconhecimento de padrões e algumas formas de criatividade). Não está mais aparente o que nos separa do resto da natureza e nos diferencia das máquinas. O historiador da ciência Thomas Kuhn chamou as mudanças em nossa compreensão do Universo, da natureza e de nosso lugar nela de "mudanças de paradigma". Quando um paradigma substitui outro, o antigo parece ser de outra época.

Considerando isso, não deve ser nenhuma surpresa que o mundo mude constantemente de maneiras profundas e significativas. Mas é quase sempre espantoso como isso acontece. Como Ernesto Laclau disse: "A mudança acontece como um ladrão na noite." Grandes deslocamentos em como vivenciamos o mundo parecem óbvios dois minutos depois que acontecem. No dia em que tivemos nosso primeiro smartphone, nosso antigo celular de abrir se tornou um artefato estranho de um passado distante. Parece incompreensível como era a vida antes do FaceTime ou do Google Maps. Como coordenávamos qualquer coisa ou chegávamos a algum lugar? Os seres humanos se adaptam instantaneamente às mudanças, mas muitas vezes sem entender as consequências de longo prazo. Na ReD, tentamos manter essa abertura radical para a transformação até das questões mais profundas e filosóficas como parte de todos os projetos. O futuro nunca é uma perspectiva teórica para nenhum de nós. Você pode observá-lo em seu cotidiano. Para todos nós, o maior desafio é ver o que está na nossa frente.

TUDO O QUE VOCÊ PRECISA SABER COMEÇA COM OS PÁSSAROS

Em um momento sombrio em um dia triste de fevereiro há vários anos, chegamos a um impasse em um projeto desafiador em nossos escritórios ReD. A neve caía grossa e aos montes do lado de fora das janelas. Até os pombos pareciam deprimidos.

Ninguém na nossa equipe de projeto tinha inspiração sobre onde procurar em seguida, então nos sentamos em torno da mesa de trabalho em um silêncio inerte, alguns olhando pela janela, outros rabiscando sem rumo nos cadernos. Foi justamente nesse momento que um de nossos pesquisadores, Jonathan, entrou na sala de conferências e colocou um livro fino na mesa.

"Eu sei que temos um prazo", disse para todos nós, "mas primeiro precisamos fazer uma pausa rápida e ler isto."

O elegante livro que ele colocou na nossa frente tinha o desenho de um falcão, e o título era *The Peregrine*. Nos anos 1960 — há mais de cinquenta anos —, nunca ninguém tinha ouvido falar dele. Não era um começo auspicioso.

"Não acho que qualquer um de nós encontrará um guia melhor sobre como fazer o trabalho de observação", disse Jonathan.

Como levo muito a sério uma recomendação como essa e precisávamos olhar para algo diferente de entrevistas com participantes e notas de trabalho de campo, pedi cópias para toda a equipe. Tiramos nossa atenção dos dados de observação para fazer uma pausa e considerar o estranho livro diante de nós, na mesa.

Quando voltamos ao projeto na ReD, todos que leram *The Peregrine* estavam mudados. Muitos de nós ainda o citam como um dos livros mais importantes já escritos sobre observação. Achei-o tão inspirador que o tornei uma âncora em meu curso sobre observação humana. Apesar da surpresa em ver a capa antiquada no início da aula, meus alunos sempre me dizem que é a leitura mais importante do semestre inteiro. Muitas vezes, eles acabam dando o livro para amigos e familiares, e há uma competição pelo estoque do livro na livraria Strand perto da faculdade. É simplesmente o melhor livro que já vi para explicar o que é uma observação magistral e como ela funciona. Compre-o, leia-o e aprenda-o de cor.

Como esse volume fino sobre um observador de pássaros britânico excêntrico mudou minha própria prática, bem como a prática de muitos dos melhores observadores do mundo? Comecemos pelo início.

O escritor por trás do *The Peregrine*, J. A. Baker, tem uma personalidade misteriosa. Até sua biografia ser publicada, em 2017, pouco se sabia sobre o homem britânico que seguiu obsessivamente falcões-peregrinos pelas planícies e pelos pântanos de Essex por 10 anos. Ele fez notas minuciosas enquanto seguia falcões peregrinos ao longo de uma década nos estuários afastados da costa da Ânglia Oriental, e essas observações diretas formam a base da escrita de natureza poética que aparece no *The Peregrine*. O livro segue um narrador sem nome em um inverno enquanto ele rastreia falcões-peregrinos migrantes. Durante esse tempo, ele conta que observa um falcão em particular, um peregrino macho, e uma relação se desenvolve entre os dois. O livro explora suas observações dos falcões (o macho especificamente), bem como as mudanças vivenciadas dentro de si mesmo conforme sua obsessão por observá-los o domina.

Quando publicou o livro, em 1967, muitos dos que escreviam sobre natureza ficaram atordoados com sua estranheza. Era diferente de qualquer outro texto sobre natureza, totalmente distinto em sua visão da simbiose que ocorre entre observador e observado. O cuidado entre Baker e seu falcão — pode-se até chamar de uma espécie de amor — alimenta seu desejo de subordinar todo seu ser à vida e ao corpo do pássaro. "A ciência nunca pode ser suficiente", escreveu Baker sobre sua abordagem única na escrita. "Emoção e sentimento sempre prevalecerão."

Quem era Baker como pessoa? Depois que *The Peregrine* foi publicado com grande aclamação — ganhou o Prêmio Memorial Duff Cooper de 1967 e o livro do ano do *Yorkshire Post* —, editores, repórteres e fãs o procuraram, e os jornalistas lhe deram o apelido de "o homem que pensa como um falcão". O *Sunday Times* publicou um artigo apenas, dando um pouco de informação, apenas uma prévia:

> John Baker tem 40 anos e vive em um apartamento em Essex. Ele não quer dizer em qual cidade. Não quer que seus vizinhos saibam o que ele faz. Não tem telefone nem TV. Ele nunca vai a lugar nenhum para

socializar, e a última vez que saiu para se divertir foi há doze anos, quando foi ao cinema para ver *Os Brutos Também Amam*.

John Baker escreveu só outro livro, *The Hill of Summer*, e sofreu com a comparação com o brilho excêntrico do *The Peregrine*. Ele continuou sua vida tranquila com a esposa, Doreen, em seu apartamento até sua morte por câncer em 1987. Sua obra-prima estava esgotada e quase esquecida quando uma nova geração de escritores, naturalistas, cineastas e ambientalistas a descobriu. *The Peregrine* já fundamentou as perspectivas estratégicas de muitas das empresas mais poderosas do mundo, cientes ou não. Tudo o que você precisa saber sobre hiper-reflexão está contido em suas páginas.

LIÇÃO UM: APRENDER A VER O QUE ESTÁ NA NOSSA FRENTE

A primeira lição de Baker para todos nós estava na abertura do *The Peregrine*. "A coisa mais difícil de ver", diz ele, "é o que está na nossa frente."

> Livros sobre pássaros mostram imagens do peregrino, e o texto está cheio de informações. Grande e isolado na brancura cintilante da página, o falcão olha para você, ousado, escultural, com um brilho colorido. Mas ao fechar o livro, você nunca mais verá aquele pássaro.

Para Baker, aprender a ver o falcão não tinha nada a ver com o que ele chamou de "imagem próxima e estática". Pelo contrário, Baker se propôs a ver o que estava lá. Isso porque ele não tinha interesse em observar a natureza de uma posição desassociada atrás do vidro no museu ou de um par de binóculos. O pássaro que ele estava treinando a si mesmo para ver não era um conceito intelectual, era uma coisa viva.

"O pássaro vivo nunca será tão grande, tão brilhante", diz ele. "Estará ao fundo na paisagem, recuando cada vez mais, sempre a ponto de se perder. As imagens são obras de cera ao lado da mobilidade apaixonada do pássaro vivo."

O que você observa, em outras palavras, é o seu próprio estado de expectativa. Você está sempre a ponto de não ver nada. A realidade, seja um pássaro vivo, seja qualquer outro fenômeno, não se apresentará em uma estrutura organizada ou em uma matriz de ideias. O que vale a pena observar, a vida em si, Baker nos lembra, é quase imperceptível, apenas um vislumbre de movimento na grama ou um som distante. Se não cultivarmos paciência e força suficientes para sermos sensíveis o bastante para ver a vida como ela é realmente vivida, deixaremos de ver tudo isso.

LIÇÃO DOIS: A OBSERVAÇÃO DEPENDE DA OBSESSÃO

Uma vez que você começou a observar um fenômeno, deve ficar obcecado por ele, ou as observações terão pouco valor. Quando digo *obcecado*, quero dizer levado a ver o fenômeno em todas suas formas. Só então descobrirá toda a complexidade de como ele se esconde e o que suas revelações mostram.

Baker tem uma bela maneira de descrever essa compulsão. Ele diz que passou uma década procurando o "brilho inquieto" daquele primeiro peregrino, um falcão com um extraordinário "fogo do espírito".

Há dez anos olho para cima, para a forma de âncora mordendo as nuvens, aquela flecha voando no ar. O olho se torna insaciável por falcões. Ele pisca em direção a eles com uma fúria extasiante, assim como o olho do falcão vai e vem e se dilata com as formas pálidas de gaivotas e pombos.

O que você está procurando? Qual é o comportamento humano que está tentando entender? A menos que seu "olho se torne insaciável por falcões", você não o verá. Ele se disfarçará de inúmeras maneiras, e, sem obsessão, você não considerará sua forma mudando para além de seus preconceitos e suposições equivocadas. Você quer que seu olho "pisque" na direção da observação escolhida com uma "fúria extasiante". Com menos do que isso, não conseguirá reconhecer o objeto de sua obsessão em todas as suas formas rudimentares.

Deixe seu olho se tornar insaciável pelo fenômeno. De repente, você o verá, como a "forma de âncora mordendo as nuvens", em todos os lugares onde olhar. Escondido da visão — o que está na nossa frente.

LIÇÃO TRÊS: AS BOAS OBSERVAÇÕES SEMPRE INCLUEM O OBSERVADOR

Baker é direto em seu projeto. Ele não se deixará de fora do quadro. É seu cuidado que cria a observação, então devemos saber o máximo possível sobre como e por que ele se importa com o quanto sabemos sobre o falcão.

No meu diário de um único inverno, tentei preservar a unidade, juntando o pássaro, o observador e o lugar que os mantém juntos. Tudo o que descrevi ocorreu enquanto eu assistia, mas não acredito que uma observação honesta seja suficiente. As emoções e o comportamento do observador também são fatos e devem ser registrados com verdade.

Como os teóricos da gestalt nos mostraram, Baker não pode observar o primeiro plano do falcão peregrino sem também observar o plano de fundo do mundo onde o falcão habita. Ele próprio é parte desse fundo. Baker é parte do todo. O observador, com o ato de observar, está no meio do fenômeno, não do lado de fora.

LIÇÃO QUATRO: OBSERVAÇÕES NÃO SÃO OPINIÕES

Quando você sai para o mundo e observa, não está formando opiniões: seu único trabalho é descrever com precisão o fenômeno. Em vez de opinar ou correr para uma ideologia, concentre-se na observação direta. Veja o que é mais difícil de ver, o que está na sua frente, e os mistérios que se desenrolam por trás das práticas diárias da vida.

Considere a descrição bem observada de Baker das mortes causadas pelo peregrino. Em vez de opinar com conceitos antropomórficos sentimentais, Baker ilustra o poder da descrição simples e clara.

> Tentarei deixar clara a crueldade da matança… todos os pássaros comem carne viva em algum momento da vida. Considere o sabiá-jamaicano, um carnívoro primaveril de gramados, assassino de minhocas, espancando até a morte os caracóis. Não devemos sentimentalizar seu canto e esquecer a matança que o sustenta.

Quando nos propusermos a observar, queremos raspar o resíduo do clichê e da opinião recebida. Pare de pensar. A observação não é uma busca intelectual, é uma presença incorporada. Espere, observe, descreva: "O pé do falcão se estendeu, agarrou, apertou e sufocou o coração do pilrito--de-peito-preto tão facilmente quanto o dedo de um homem esmagando um inseto."

Os grandes observadores não são motivadores, defensores nem agentes de relações públicas. Argumentamos apenas pela verdade.

LIÇÃO CINCO: A OBSERVAÇÃO COMEÇA COM UM OLHAR SISTEMÁTICO

Durante sua vida adulta, Baker desenvolveu um processo com sua observação de pássaros que ele chamou de "observação sistemática". Ao longo de seus muitos anos explorando as mesmas marés salgadas e os mesmos estuários, ele guardou livros de campo minuciosos e fez anotações sobre as aves que observou. Nessas notas, material que mais tarde moldou no livro *The Peregrine*, ele incluía todos os fatos e números. Ele registra que, em 10 invernos, verificou "619 mortes por peregrinos", e inclui uma lista dessas espécies representadas, incluindo 38% de pombos-torcazes e 14% de guinchos-comuns.

É nessas listas de fatos e imagens, e em outras no livro, que vemos os minuciosos sistemas de observação de Baker. Simplificando, ele faz sua lição de casa. Ele percebe, observa e registra o que vê. Aprende os nomes dos pássaros e dos animais para identificá-los. Um morcego não é apenas um morcego, mas um tipo particular, um

"Pipistrellus". Um corvo não é apenas um corvo, mas um "Coloeus" ou uma "gralha-calva". Sem se tornar ornitólogo ou ecologista, ele desenvolveu um profundo conhecimento de seu vocabulário central.

Ele quantifica só para revelar o contexto. Assim, quando aprendemos sobre o peso dos olhos do falcão — "aproximadamente 28,35 g cada" —, é em relação ao olho humano. "Se nossos olhos tivessem a mesma proporção em relação ao nosso corpo como os do peregrino, um homem de 76 kg teria olhos de 7,6 cm de diâmetro, pesando 1,8 kg."

Essa observação sistemática lhe permite começar a observar o falcão por meio da natureza mutável do resto do contexto. Ele aprende a ver um falcão pelo movimento das outras aves em relação a ele. Assim, o invisível se torna visível. "Quando os falcões saírem de vista, você deve olhar para o céu", diz Baker. "Seu reflexo aumenta nos pássaros que os temem. Há muito mais céu do que terra."

A natureza de sua observação sistemática lhe permite tirar conclusões profundas dos dados empíricos coletados: "Essas tabelas sugerem que os jovens peregrinos caçam principalmente as espécies mais numerosas em seu território de caça, desde que pesem pelo menos 227 g."

Por fim, ele arrisca uma afirmação baseada apenas naquilo que observou com seus próprios olhos: "Os predadores que matam o que é mais comum têm a melhor chance de sobrevivência. Aqueles que desenvolvem preferência por apenas uma espécie são mais propensos a passar fome e sucumbir a doenças." Observe que ele não se inclina mais para uma teoria. Ele não usa essa pequena afirmação conclusiva como um trampolim para algo maior e mais abstrato, além do escopo de seu próprio olho humano. Antes que um observador possa fazer qualquer outra coisa, ele nos mostra, e reunimos o máximo de dados possível a partir da observação pura.

LIÇÃO SEIS: O ESTADO DE ESPÍRITO IMPORTA

Baker conhece seu contexto intimamente, ou seja, os estuários, os campos e as restingas úmidas, de modo que até mesmo suas observações de outras criaturas além do falcão transmitem um estado de espírito. Está em sintonia com a relação que existe entre ele e o falcão, entre o falcão e sua presa, entre outras criaturas e seus predadores. Quanto mais o narrador de Baker absorve a perspectiva do falcão, mais pode se mover com fluidez no espaço "hipotético" das outras criaturas dentro do ecossistema do falcão.

LIÇÃO SETE: TRABALHE COMO UM PÁSSARO

Assim como grandes observadores absorvem o estado de espírito e a estética de seus objetos, eles também desenvolvem uma sensibilidade por sua integridade. Isso não tem nada a ver com se os objetos são bons, justos ou gananciosos. Assim como as opiniões não têm lugar aqui, a moralidade também está fora de questão, vinda diretamente do mundo dos seres humanos. Em vez disso, essa sensibilidade é uma avaliação de como um falcão honra seu ideal máximo.

Como Baker descobriu, o peregrino passa a maior parte da manhã em um estado meditativo de preparação. Ser um caçador brilhante, Baker nos diz, primeiro é se colocar em um estado de consciência elevada. "O falcão desperta apenas gradualmente de sua letargia pós-banho", e "seus primeiros voos são curtos e sem pressa". O falcão "se move de pouso em pouso, observando outros pássaros e, ocasionalmente, pegando um inseto ou um rato no solo".

A manhã não parece ser produtiva em nossa compreensão convencional da palavra. Pelo contrário, é um estado de relaxamento que dá lugar a uma prática mais estruturada e ao que poderíamos chamar de "aquecimento". O falcão "recria todo o processo de aprender a matar pelo qual passou quando deixou pela primeira vez o ninho".

Nessa atenção cuidadosa até os dias estruturados do peregrino, o narrador aprende suas próprias lições da vida de caça. Os grandes caçadores passam a maior parte do tempo absorvendo o contexto do que esperam caçar. Isso envolve exercícios criativos — a ação —, como Baker observa no comportamento dos falcões. O falcão pode "atacar perdizes, perseguir gralhas ou quero-queros, lutar com corvos". Matar pode ser um acaso quando essa ação se torna inesperadamente violenta. "Depois, ele parece perplexo com o que fez e pode deixar o corpo onde caiu, voltando mais tarde quando está de fato caçando."

A fome o leva a realmente caçar e matar, mas, na realidade, essa é uma parte muito pequena do dia do falcão. Baker observa isso e descobre uma economia admirável nessa abordagem de vida. "Quando um ataque é feito, geralmente é um único ataque cruel." Esse espetáculo incrível de violência são meros minutos no dia do falcão. Muitas vezes, nós, humanos, manuseamos papéis, ideias ou dinheiro em um ritmo monótono, sem tempo para descanso e ainda menos tempo para ficarmos receptivos a um momento glorioso de insight. O ritmo de nossos dias e o significado que existe dentro deles sofrem em comparação com os do falcão. Trabalhe como um pássaro.

LIÇÃO OITO: PERCEBA COM OS OLHOS DE UM FALCÃO

Os antropólogos mais qualificados argumentam que a observação nunca é suficiente até você ver os fantasmas dos outros. O observador parte da observação sistemática que cria um profundo conhecimento e engajamento empático para, por fim, um ato de simbiose. Os fantasmas dos outros são seus fantasmas. Quando você se entrega completamente ao ato de observação, deve permitir a autotransformação.

As melhores observações mudam você. É uma metamorfose entender a experiência corporal do outro, humano ou animal. Como é o mundo através dos olhos de um falcão? O que ele vê quando acorda de manhã? O que se sente motivado a fazer, e por quê?

Baker inicia sua jornada com como e o que o falcão vê. Sua abordagem utiliza detalhes científicos como uma plataforma de lançamento para a imaginação. "Toda a retina no olho de um falcão", ele nos diz, "registra uma resolução de objetos distantes duas vezes mais aguçada que a da retina no olho humano".

Observações quantificadas como "duas vezes mais aguçada" criam trampolins de pesquisa e observação direta para uma compreensão intuitiva e criativa da experiência vivida do falcão: "Isso significa que um falcão, escaneando incessantemente a paisagem com pequenos giros abruptos de sua cabeça, pegará qualquer ponto em movimento; concentrando-se nele, pode imediatamente fazê-lo explodir em uma visão maior e mais clara."

Isso é empatia analítica: o ingrediente essencial para a observação no seu melhor. Permite que Baker ocupe ainda mais espaço criativo com base em seu profundo conhecimento do falcão. Com o tempo, ele não mais observa o que vê o falcão fazendo; em vez disso, começa a se colocar na perspectiva do falcão. Ele começa fazendo perguntas sobre essa perspectiva. Como é ser você? No questionamento de Baker, vemos uma atenção meticulosa na experiência da percepção. O que o falcão vivencia quando o homem aparece? O falcão tem constância de tamanho? O falcão sabe onde sua asa está batendo ao vento? Como o falcão vivencia o medo, o pavor, a glória? Grandes insights estão disponíveis para aqueles que observam e tentam sentir obsessivamente o mundo através do corpo do outro. *Como é realmente ser você?*

LIÇÃO NOVE: A OBSERVAÇÃO DEVE SER FEITA COM A ÉTICA DO CARÁTER

Se você tem alguma esperança de alcançar uma observação significativa, deve considerar o que é adequado dentro do mundo que está observando. Como Aristóteles argumenta no livro dois de *Ética a Nicômaco*, a ética do caráter guia a pessoa a fazer a coisa certa, no momento certo e do jeito certo. É assim que Baker aborda seu papel. Em vez de se inserir no contexto do falcão com a arrogância de que seus caminhos são superiores, ele busca o reconhecimento e a aceitação do falcão em seus próprios termos. Ele considera cuidadosamente o que é apropriado e ajusta seu comportamento de acordo: "Você deve usar as mesmas roupas, viajar da mesma maneira, realizar as ações na mesma ordem."

Isso inclui ideias práticas que explicam o medo da imprevisibilidade que o pássaro sente. "Entre e saia dos mesmos campos no mesmo horário todos os dias, acalme a selvageria do falcão com um ritual de comportamento tão invariável quanto o dele" e "deixe sua forma crescer em tamanho, mas não altere seu contorno". O narrador observou seu falcão o suficiente para afirmar que "um peregrino não teme nada que ele possa ver claramente e de longe".

São sugestões simples e práticas que qualquer observador pode usar. Mas Baker tem uma abordagem ainda mais poética sobre como o caráter pode ser para seu falcão. Qual é a coisa certa, no momento certo e do jeito certo para um falcão? "Evite a estranheza furtiva do homem", ele nos diz. "Compartilhar o medo é o maior laço de todos." Se um observador tem alguma esperança de ver algo significativo, a transcendência é necessária e deve ser absoluta. "O caçador deve se tornar a coisa que ele caça."

O apropriado é nada menos que um renascimento. O narrador nos ajuda a entender a contração das duas perspectivas entre observador e observado ou caçador e caça. Baker passa a usar *nós* ao significar a transformação que ocorre. Agora ele é o falcão: "Vivemos, hoje a céu aberto, a mesma vida extasiante e temerosa."

É nessa transformação da percepção que todo caráter se revela. Alguém está disposto a renunciar a todas suas suposições e seus hábitos de pensamento para incorporar plenamente a experiência vivida de outro? Quando alguém age com a ética do caráter no mundo do peregrino, "uma noção viva de lugar cresce como outro membro do corpo" e a "direção tem cor e significado". É a única ação adequada para esse lugar e tempo.

A OBSERVAÇÃO LEVA TEMPO

Começamos nossa jornada em direção a uma prática observacional com os blocos básicos da percepção. Como vemos um ponto branco em um papel branco? Onde ficamos quando queremos ver uma pintura? O que nosso corpo faz para circular passando por outras pessoas na rua e em um café? Essas perguntas, aparentemente simples, nos deram a base para uma compreensão precisa de como a percepção funciona.

Segundo essa filosofia bem estabelecida, enviei você, assim como meus alunos, ao mundo para fazer uma observação direta. Como você já pode ter descoberto, esse tipo de observação pode ocorrer em qualquer lugar: no trabalho, nas ruas, no seu bar favorito, em uma conferência ou em um retiro. O mais importante a lembrar é continuar voltando sua atenção para "a coisa em si". Qual é o fenômeno humano que você está tentando entender? Com base em que as pessoas fazem o que fazem? Com prática e paciência, quase sempre surgirá uma nova compreensão.

Além de todas as habilidades de observação que compartilhei com você, agora o encorajo a cultivar a paciência. O ato de "olhar" é a maneira mais produtiva de passar qualquer dia. Mas, às vezes, não será assim. Você não estará riscando itens, respondendo a e-mails e nem estará sentado em reuniões buscando novos clientes ou traçando estratégias para novos futuros. O que estará fazendo, observando o mundo com uma curiosidade insaciável sobre o comportamento humano, o levará muito, muito mais longe do que qualquer pista falsa de produtividade. Isso ocorre porque nenhuma atividade tem sentido se você não tem uma visão real para orientar seus esforços.

Dê a si mesmo um tempo. Qualquer processo de observação que valha a pena é lento, singular e não linear. Você não pode seguir um plano de cinco pontos e não trabalhará como um cientista. Você trará suas próprias peculiaridades para o processo, junto com uma consciência sobre eles, e terá de ficar confortável com a dúvida e a divagação. Assim como Franz Boas ou meu aluno Avinash, você pode ficar desorientado, buscando um modelo mais eficiente. Talvez, como Gillian Tett, descobrirá coisas não populares e que vão contra a maré. Não se afeiçoe por uma estrutura, por uma resposta fácil ou pela mentalidade de rebanho só para diminuir sua própria incerteza. Tenha liberdade, tempo e espaço para dizer: "Eu não sei." Então, tente olhar ao redor e descobrir.

A recompensa por todo esse desconforto é dobrada. Primeiro, você começará a pensar por si mesmo. Em vez de absorver as análises e as opiniões dos outros ou entrar na onda com respostas da moda para fenômenos complexos que você não entende, cultivará uma mente independente. Você desenvolverá a capacidade de entrar em um ambiente, em qualquer lugar, a qualquer momento, com confiança e dizer "Eu não sei", e terá as habilidades para descobrir as respostas.

Esse tipo de pensamento independente é a fonte de todo insight. Os insights não acontecem com cada problema e certamente não acontecem todos os dias, mas às vezes você terá sorte e chegará a um momento de profundo entendimento. Muitas vezes, me refiro a essa experiência como "momento de clareza". De repente, todos os dados se alinham e uma história geral surge deles. Comparo isso à experiência de caminhar por uma floresta planejada. No início, parece que as árvores estão colocadas de forma caótica e a perspectiva parece desorientadora. Mas de repente, quando você se desloca no ângulo certo, percebe que elas estão organizadas em padrões e linhas. Cada uma se alinha para criar uma visão satisfatória de unidade. A floresta inteira vai do caos à ordem, e tudo que você vê faz sentido.

Quando você tem uma visão como essa, especialmente depois de ter lutado com um assunto específico por um longo tempo, é um tremendo alívio. A verdade da realidade surge dos padrões do fenômeno. Sua mente finalmente fica em paz. Na verdade, a experiência desse insight é tão emocionante que justifica todo o esforço. Poderia ser um fim em si.

No entanto, há um segundo benefício na prática que, para algumas pessoas, pode ser ainda mais valioso. Os insights são a plataforma necessária para qualquer invenção ou inovação que valha a pena. Assim que você começa a ter insights, imediatamente reconhece que propor novas ideias, tecnologias ou soluções tem muito pouco a ver com criatividade. Ao contrário, tudo começa com o insight, e o que se segue é lógico e óbvio, considerando o que um insight revelou a você. A inovação e a invenção são possíveis, na verdade, inevitáveis, uma vez que você chega ao insight.

Já vi grupos, empresas e líderes tentarem inverter as duas: começar com um processo de inovação e usá-lo para chegar a uma visão sobre o comportamento humano. Nunca dá certo. Em todo meu tempo observando, nunca encontrei uma única inovação significativa que não viesse de uma visão profunda sobre o comportamento humano. Você não precisa contratar especialistas em criatividade, fazer notas, debates ou se reunir para exercícios de formação de equipe em liderança de ideias. O tempo é precioso: não o desperdice propondo ideias ou soluções separadas de um mundo humano significativo. Qualquer processo que começa com a criatividade, em vez de um insight, está condenado ao fracasso.

Use as palavras de J. A. Baker no livro *The Peregrine* para inspirá-lo: trabalhe como um pássaro. O falcão passa a maior parte de seu dia em uma preparação meditativa para períodos breves e intensos de atividade. Em vez de usar seu tempo para perseguir mitos sobre como a criatividade funciona, faça uma observação direta. Mergulhe no contexto do que espera entender. Se você quer saber sobre avanços na inteligência artificial, tomar decisões mais ponderadas sobre a mudança climática, seguir com uma dieta vegetariana ou simplesmente tentar estar mais atento à sua própria família, comece não com uma ação, mas com um estado passivo de recepção. Fale menos, olhe mais. Preste atenção, espere, observe. E use seu próprio senso de cuidado para orientá-lo. Assim como o observador de pássaros de Baker, você tem o potencial da transformação por meio dessa prática, mas deve ter cuidado com o que está vendo.

Quando digo *cuidado*, não significa que você tem que amar, admirar ou mesmo considerar algo como sendo ético. Só deve achar fascinante, digno de seu olhar obsessivo. Isso pode significar que a coisa decepcione você — a origem de toda grande filosofia — ou mesmo que parta seu coração. Mas ela só precisa ser de interesse duradouro para você como um fenômeno humano.

Só então, quando seus olhos forem levados a ver em todas as suas inúmeras formas, você entenderá o que pode fazer sobre isso.

Então agora eu envio você ao mundo para olhar ao redor. Tudo o que precisa saber já está lá fora, só esperando por você para ser visto. Levará tempo, mas logo você descobrirá que vale a pena. Deixe sua agenda livre e sem compromissos. Ouça o silêncio social. Aguarde o que mais importa no mundo: um momento de insight.

Depois de um insight, tudo o mais é possível. Na verdade, inevitável.

AGRADECIMENTOS

O grande Simon Critchley me ajudou a planejar os cursos que este livro cobre do início ao fim. Você me deu segurança filosófica e permitiu levar minhas interpretações do material muito além do que existe hoje. Obrigado, companheiro. YNWA (da música "You'll Never Walk Alone").

Sem meus alunos, eu não teria encontrado todas as sutilezas no fenômeno da observação humana. Muitos dos que fizeram o curso foram a extremos para observar e aprender, mesmo se sentindo desconfortáveis ou inseguros. Obrigado. Foi divertido e emocionante.

O professor Taylor Carman me ajudou a entender Maurice Merleau-Ponty de uma maneira que fez um texto denso ganhar vida, me dando muitos exemplos que aprofundaram a filosofia.

Meus sócios da ReD Associates me ajudaram na habilidade de observação com centenas de projetos em todos os cantos do mundo: Mikkel Rasmussen, Filip Lau, Jun Lee, Michele Chang, Sandra Cariglio, Mikkel Krenckel, Millie Arora e Charlotte Vangsgaard, entre muitos outros.

Caitlin Murray, da Judd Foundation, em Marfa, me ajudou a ver todo o mundo de Judd, incluindo sua biblioteca. Seth Cameron me ajudou a entender a percepção da cor. Gil Ash me conectou ao mundo altamente especializado do tiro ao alvo e da inovação que ele representa. Minha cabeça explodiu quando aprendi sobre o quanto a percepção, as novas descobertas em neurociência e a velocidade relativa estão conectadas. Gillian Tett me ajudou a conectar a teoria de Bourdieu ao mundo do jornalismo.

Jonathan Lowndes me apresentou o livro *The Peregrine* e outros textos importantes que foram inspiradores para mim.

Andrew Zuckerman tem sido meu ídolo na escrita e inspirou o texto a ser exuberante.

A Ann Marie Healy, por me ajudar a corrigir e enriquecer meus pensamentos e minha escrita, e por me fazer rir.

A Jake Morrissey e a toda a equipe em Riverhead, por apoiar este projeto desde o início e pela incansável orientação editorial. Obrigado por acreditar em um livro sobre Merleau-Ponty.

A Zoë Pagnamenta, por atuar como minha agente em todos meus projetos. Ninguém conhece melhor o mundo dos livros.

NOTAS

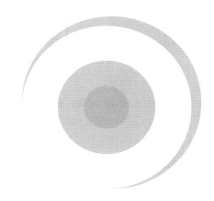

A MÁGICA DA PERCEPÇÃO

24 **a história continua:** Sarah Bakewell, *At the Existential Café: Freedom, Being, and Apricot Cocktails* (Nova York: Other Press, 2017).

O PRIMEIRO LABORATÓRIO DO OLHAR: A HISTÓRIA DA GESTALT

29 **pegou um trem em Viena:** Edwin B. Newman, "Max Wertheímer: 1880-1943", *American Journal of Psychology* 57, nº 3 (julho de 1944): 428-35.

31 **a velocidade dos processos mentais:** David K. Robinson, "Reaction-Time Experiments in Wundt's Institute and Beyond", em *Wilhelm Wundt in History: The Making of a Scientific Psychology*, ed. Robert W. Rieber e David K. Robinson (Kluwer Academic/Plenum Publishers, 2001), 161-204.

31 **seu laboratório em Leipzig:** Serge Nicolas e Ludovic Ferrand, "Wundt's Laboratory at Leipzig in 1891", *History of Psychology* 2, nº 3 (agosto de 1999): 194-203.

32 **adorava caminhar:** Carl Stumpf, "Autobiography of Carl Stumpf", em *History of Psychology in Autobiography*, vol. 1, ed. Carl Murchison (Russell & Russell, 1930), 389-441.

33 **coleção das primeiras gravações:** Phonogramm-Archiv (Berlim) ("phonogram archive"): Carl Stumpf e Erich Moritz von Hornbostel, fundadores, 1900, soundandscience.de/location/phonogramm-archiv-berlin.

33 **música dos cantores Vedda:** Michael Wertheimer, "Music, Thinking, Perceived Motion: The Emergence of Gestalt Theory", *History of Psychology* 17, nº 2 (2014): 131–133.

34 **Como sugeriu Ehrenfels, há:** Christian von Ehrenfels, "On Gestalt Qualities", em *Foundations of Gestalt Theory*, ed. e trans. Barry Smith (Philosophia Verlag, 1988), 82–117.

35 **psicologia experimental, de Wertheimer, Sigmund Exner:** Edwin G. Boring, *Sensation and Perception in the History of Experimental Psychology* (Nova York: D. Appleton-Century, 1942), 594.

36 **o maquinista do trem gritou:** A história que conto aqui é um exercício criativo que ajuda a dar mais uma narrativa aos comentários que Max Wertheimer compartilhou com seus colegas. Quero agradecer especialmente a Michael Wertheimer e D. Brett King por inspirarem esse relato com sua biografia histórica *Max Wertheimer and Gestalt Theory* (Londres: Routledge, Taylor and Francis Group, 2005).

38 **escreveu Köhler após conhecer:** Wolfgang Köhler, "Gestalt Psychology", em *The Selected Papers of Wolfgang Kohler*, ed. Mary Henle (Nova York: Liveright, 1971), 108–122.

39 **uma delas em movimento:** D. Brett King e Michael Wertheimer, *Max Wertheimer and Gestalt Theory* (Londres: Routledge, Taylor and Francis Group 2005), 100.

40 **"[Os todos] não são de modo algum":** Kurt Koffka, "Perception: An Introduction to the *Gestalt-theorie*", publicado pela primeira vez no *Psychological Bulletin* 19 (1922): 531–585, psychclassics.yorku.ca/Koffka/Perception/perception.htm.

41 **"Por volta de dezembro de 1910":** Will Hodgkinson, "Culture Quake: The Post Impressionist Exhibition, 1910", 25 de maio de 2016, última modificação em 17 de janeiro de 2023, bl.uk/20th-century-literature/articles/culture-quake-the-post-impressionist-exhibition-1910.

NOTAS 227

41 **Era 15 de abril de 1874:** Ulrike Becks-Malorny, *Cezanne* (Nova York: Taschen, 1995), 28.

43 **um de seus colegas, Édouard Manet:** Becks-Malorny, *Cezanne*, 45.

43 **"papel de parede em seu estado embrionário":** revista *Impression*, "Impressionists: From Scorn to Stardom", 10 de outubro de 2020, última modificação em 17 de janeiro de 2023, impression-magazine.com/history-of-impressionism/.

44 **"pedreiro pintando com sua espátula":** Becks-Malorny, *Cezanne*, 28.

44 **"Você deve pensar que":** Becks-Malorny, *Cezanne*, 46.

45 **"O processo de reforma":** Becks-Malorny, *Cezanne*, 48.

47 **paisagem de sua casa de infância:** Becks-Malorny, *Cezanne*, 67–79.

TRÊS ARTISTAS:
COMO VER ALÉM DA CONVENÇÃO E DO CLICHÊ

66 **"A maior parte da arte é frágil":** Donald Judd, "Statement for the Chinati Foundation", 1987, citado no site Chinati, última modificação em 17 de janeiro de 2023, chinati.org/about/mission-history/.

71 **"A coisa, como um todo":** Donald Judd, "Specific Objects", *Art Theory*, 1965, última modificação em 17 de janeiro de 2023, theoria.art-zoo.com/specific-objects-donald-judd/.

A GRANDE ESCAVAÇÃO:
COMEÇANDO COM UMA OBSERVAÇÃO PURA

108 **"você poderia surfar com os amigos":** William Finnegan, *Barbarian Days: A Surfing Life* (Nova York: Penguin Books, 2015), 18.

108 **"Estilo era tudo no surfe":** Finnegan, *Barbarian Days*, 334.

UMA INOVAÇÃO AO VER: USANDO A LENTE DA DÚVIDA

117 **"Há mais animais vivendo":** Douglas Anderson, "Lens on Leeuwenhoek", 2014, última modificação em 17 de janeiro de 2023, lensonleeuwenhoek.net/content/about-web.

118 **um autodidata com afinidade:** Richard Holmes, *The Age of Wonder: How the Romantic Generation Discovered the Beauty and Terror of Science* (Nova York: Vintage Books, 2008), 163-211.

121 **mergulhado nessa mesma ideologia:** Charles King, *Gods of the Upper Air: How a Circle of Renegade Anthropologists Reinvented Race, Sex, and Gender in the Twentieth Century* (Nova York: Anchor Books, 2020).

122 **fenômeno da "ignorância sonora":** Franz Boas, "On Alternating Sounds", *American Anthropologist* 2, n° 1 (janeiro de 1889): 47-54.

122 **"não será frutífera até":** Franz Boas, "The Limitations of the Comparative Method of Anthropology", *Science* 4, n° 102 (1896): 901-908.

123 **departamento de antropologia em sua fase inicial:** King, *Gods of the Upper Air*, 118-119.

124 **"A sugestão abdutiva":** Charles Sanders Peirce, *Philosophical Writings of Peirce*, ed. Justus Buchler (Mineola, NY: Dover Publications, 2011), 304.

126 **"Não bloqueie o caminho da investigação":** Peirce, *Philosophical Writings of Peirce*, 54.

128 **com mais de 2,3 milhões de cópias:** Pauline Kent, "Japanese Perceptions of *The Chrysanthemum and the Sword*", *Dialectical Anthropology* 24, n° 2 (junho de 1999): 181-192.

128 **"não um passivo"**: Ruth Benedict, *The Chrysanthemum and the Sword: Patterns of Japanese Culture* (Nova York: Mariner Book, Houghton Mifflin, 2005), 10.

COMO OUVIR:
PRESTANDO ATENÇÃO NO SILÊNCIO SOCIAL

131 **visitava sua casa no sopé:** Pierre Bourdieu, *The Bachelors' Ball: The Crisis of Peasant Society in Béarn*, trans. Richard Nice (Chicago: University of Chicago Press, 2008).

131 **metade desses jovens "não podia se casar":** Bourdieu, *Bachelors' Ball*, 4.

134 **Por gerações, a posição social de um camponês:** Bourdieu, *Bachelors' Ball*, 12–37.

135 **"mercado de bens simbólicos":** Bourdieu, *Bachelors' Ball*, 4.

135 **enfrentavam uma "desvalorização brutal":** Bourdieu, *Bachelors' Ball*, 4.

135 **"uma espécie de descrição completa":** Pierre Bourdieu, *Sketch for a Self-Analysis*, trans. Richard Nice (Chicago: University of Chicago Press, 2004), 61.

138 **queria lhe perguntar sobre:** Gillian Tett, em conversa com o autor. Gillian e eu conversamos em várias ocasiões em 2021 e 2022, e sempre tomei notas, porque ela tem muitas coisas interessantes para dizer. Também recorro com frequência aos livros dela em meus próprios processos de observação para obter seus insights: *The Silo Effect: The Peril of Expertise and the Promise of Breaking Down Barriers* (Nova York: Simon and Schuster, 2016) e *Anthro-Vision: A New Way to See in Business and Life* (Nova York: Avid Reader Press, 2021 — ambos sem publicação no Brasil).

142 **"a pior crise financeira da história global":** Pedro Nicolaci da Costa, "Bernanke: 2008 Meltdown Was Worse Than Great Depression", *The Wall Street Journal*, 26 de agosto de 2014, wsj.com/articles/BL-REB-27453.

PROCURANDO AS MUDANÇAS CULTURAIS: COMO OCORRE A MUDANÇA

150 **"cadeias de equivalência":** Ernesto Laclau e Chantal Mouffe, *Hegemonia e Estratégia Socialista*, 2ª ed. (Intermeios).

151 **"desenho na água":** Laclau e Mouffe, *Hegemonia e Estratégia Socialista*, 91–133.

160 **vendeu mais de 220 mil veículos:** Charles Riley, "The Great Electric Car Race Is Just Beginning", CNN Business, agosto de 2018, última modificação em 17 de janeiro de 2023, cnn.com/interactive/2019/08/business/electric-cars-audi-volkswagen-tesla/.

163 **lançou seu primeiro veículo elétrico F-150:** "America's Best-selling Vehicle Now Electric", Ford Media Center, 26 de abril de 2022, última modificação em 17 de janeiro de 2023, media.ford.com/content/fordmedia/fna/us/en/news/2022/04/26/production-begins-f-150-lightning.html.

164 **Em junho de 2022:** "June 2022 Sales", Ford Media Center, junho de 2022, última modificação em 17 de janeiro de 2023, media.ford.com/content/dam/fordmedia/North%20America/US/2022/07/05/salesjune2022ford.pdf.

OBSERVANDO OS DETALHES: ENCONTRANDO PORTAIS PARA O INSIGHT

167 **"De repente, havia algo":** Robert A. Caro, *Working* (Nova York: Vintage Books, 2019), 143.

167 **"Acho que percebi":** Caro, *Working*, 143.

168 **"tipo mais cruel de solidão":** Caro, *Working*, 145.

168 **"O que eu decidi fazer":** Caro, *Working*, 145.

169 **"Você descobre coisas":** Caro, *Working*, 146.

169 **"Não importa em que direção":** Robert A. Caro, The *Path to Power*, vol. 1 de *The Years of Lyndon Johnson* (Nova York: Vintage, 1990), 55.

170 **"Ao tentar analisar":** Caro, *Working*, 147.

170 **"Havia algo crucial":** Caro, *Working*, 154.

171 **entrevistou uma mulher chamada Estelle Harbin:** Caro, *Working*, 155.

171 **"Então algo me ocorreu":** Caro, *Working*, 156.

172 **"Era algo que eu nunca tinha visto":** Caro, *Working*, 156.

172 **"É claro que ele corria":** Caro, *Working*, 158.

177 **A frase de abertura do romance:** Georges Perec, *Things: A Story of the Sixties* e *A Man Asleep*, trans. David Bellos e Andrew Leak (Boston: Verba Mundi, 2010), 21.

178 **"Onde está o resto":** Georges Perec, "The Infra-Ordinary", em *Species of Spaces and Other Pieces*, ed. e trans. John Sturrock (Nova York: Penguin Classics, 2008), 5–6. Acessado em ubu.com, última modificação em 17 de janeiro de 2023, ubu.com/papers/perec_infraordinary.html#:~:text=What%20we%20need%20to%20question,ceased%20forever%20to%20astonish%20us.

179 **"O que devemos questionar":** Perec, "The Infra-Ordinary", 5–6.

179 **descrito em Saint-Sulpice:** Georges Perec, *An Attempt at Exhausting a Place in Paris,* trans. Mark Lowenthal (Cambridge, MA: Wakefield Press, 2010), 3.

180 **"Minha intenção nas páginas":** Perec, *Attempt at Exhausting*, 3.

180 **"Resumo do inventário":** Perec, *Attempt at Exhausting*, 5.

180 **"O número 63 vai para Porte de la Muerte":** Perec, *Attempt at Exhausting*, 7.

181 **"bolsa azul/sapatos verdes":** Perec, *Attempt at Exhausting*, 7.

182 **"O que mudou aqui desde ontem":** Perec, *Attempt at Exhausting*, 29.

182 **"Faça uma lista do conteúdo":** Perec, "The Infra-Ordinary", 5–6.

TUDO O QUE VOCÊ PRECISA SABER COMEÇA COM OS PÁSSAROS

205 **"A ciência nunca pode ser suficiente":** J. A. Baker, *The Peregrine* (Nova York: New York Review of Books Classics, 2005) 6.

205 **"John Baker tem 40 anos":** Hilary A. White, "The Secret Life behind the Writer of England's Greatest Cult Book", *Irish Times,* 6 de janeiro de 2018, última modificação em 19 de janeiro de 2023, irishtimes.com/culture/books/the-secret-life-behind-the-writer-of-englands-greatest-cult-book-1.3333957.

206 **sofreu com a comparação:** Hetty Saunders, *My House of Sky: The Life and Work of J. A. Baker* (Dorset, UK: Little Toller Books, 2018), 122.

206 **"A coisa mais difícil":** Baker, *The Peregrine,* 19.

206 **"Livros sobre pássaros":** Baker, *The Peregrine,* 19.

207 **"O pássaro vivo":** Baker, *The Peregrine,* 19.

208 **"Há dez anos olho":** Baker, *The Peregrine,* 12.

208 **"No meu diário de um único":** Baker, *The Peregrine,* 14.

209 **"Tentarei deixar clara":** Baker, *The Peregrine,* 14.

210 **"O pé do falcão se estendeu":** Baker, *The Peregrine,* 50.

210 **"619 mortes por peregrinos":** Baker, *The Peregrine,* 29.

211 **quantifica só para revelar o contexto:** Baker, *The Peregrine,* 26–32.

211 **"Quando os falcões saírem de vista":** Baker, *The Peregrine,* 73.

211 **"Essas tabelas sugerem":** Baker, *The Peregrine,* 26–27.

211 **"Os predadores que matam o que é mais comum":** Baker, *The Peregrine*, 27.

212 **estado meditativo de preparação:** Baker, *The Peregrine*, 23-26.

214 **o que o falcão vê:** Baker, *The Peregrine*, 35-36.

215 **ajusta seu comportamento de acordo:** Baker, *The Peregrine*, 13-14.

216 **"Vivemos, hoje":** Baker, *The Peregrine*, 95.

ÍNDICE

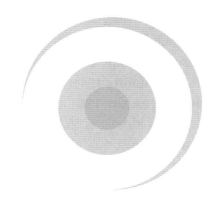

A

abdução 124
abordagem
  filosófica 5
  intelectual 73
  reducionista 41
análise quantitativa 1
animálculos 117
aparato perceptivo 168
arte 57
atenção 51, 72, 90
  invisível 75
ausência do todo 180
autotransformação 214

C

cadeias de equivalência 150
câmara de reação 32
câmera 87
capitalismo 147
caráter 215
Chantal Mouffe 153

cientificismo 86
Claude Monet 42
coerência perceptiva 69
comportamento
  marginal 197, 235
comportamento marginal 197
compreensão empática 50
conhecimento social 51
consciência 53
consumo assíncrono 197
conteúdo on-line 195
contexto 89
  social 49
controle remoto 186
crenças sociais 156

D

dados
  brutos 89
  sensoriais 84
decepção 186
dedução 124
desapontamento 186

Descartes, filósofo 25, 40
desenho na água 151
deslocamento 154
desorientação 126
domínio ideal 58, 65, 103
Donald Judd 62
doxa 142

E

empatia analítica 175, 215
empirismo 89
endótico 179, 180
equívocos 83, 84, 87, 88, 89, 90
Ernesto Laclau 150
escavação 95
espaço 62
   intersubjetivo 10
estado meditativo 212
estilo 108
estrutura compartilhada 86
ética 215
etnografia
   emblemática 127
   participativa 126
exótico 180
experiência 101
   do movimento 36
   estudo 9
   real 60
exposição 11

F

familiaridade 90
fenômeno 207
   da constância do tamanho 27
   do movimento 36
fenômeno da percepção 185
fenômeno do consumo 197
fenomenologia 6, 7, 8, 9, 13, 24, 25, 26, 33, 50, 87, 89, 111
   existencial 89
foco 90
Franz Boas 120
futuro da tecnologia 193

G

Georges Perec 177
gestalt 28, 34, 40, 65, 172, 181
   da coerência 126
   perceptiva 52
Gillian Tett 137

H

habilidade observacional 76, 142
habilidades do observador 150
hiper-reflexão 2, 4, 80, 91, 183, 206

hipótese de constância 37, 46

I

ideias simplistas 86
ideologia dominante 141
ignorância sonora 122, 228
ilusão de ótica 26, 70
indução 124
informação visual ausente 54
insight 16, 105, 124
inspiração filosófica 5
intelectualismo 89
inteligência artificial 49
interpretação artística 69
invisível 180

J

James Turrell 53

L

Laboratório do Olhar 30, 72, 188
   história 185
lente da dúvida 130

M

maratonar séries 195
Maurice Merleau-Ponty 24–25
Max Wertheimer 29

mecânica da mudança 153
mecanismo de controle 59
mercado de bens simbólicos 135
meta-habilidade 91
microcomunidades 196
microscópio 118
momento de clareza 219
movimento
   aparente 35
   pi 40
   puro 39
mudança cultural 145, 159
mudanças de paradigma 201
mudança significativa 199
mundo 86
Muro de Berlim 149

O

observação 5, 13, 210
   cuidadosa 105
   direta 2, 110
   empírica 123
   pura 100
   sistemática 210
observador de pássaros 204
observadores
   qualificados 188
opinião 13
origem da observação 17

P

paciência 12, 217
parasitas 90
particularidades 199
Paul Cézanne 41
pensamento 89
  coletivo 1
percepção 27, 38, 79, 88
  de mundo 57
  intelectual 89
persistência da visão 35
pertencimento 107
pi 40
Pierre Bourdieu 131
plano de fundo XIV, 7
podcasts 197
poder
  da compreensão 181
  da interpretação 1
pragmatismo americano 124
prática
  marginal 193, 194, 195, 198
  observacional 129
preconceitos 89
princípios fundamentais 14
processo perceptivo dinâmico 36
psicologia
  cognitiva 25
  cognitiva e experimental 84
  experimental 29, 31, 32, 35, 37, 38, 226

R

raciocínio
  abdutivo 124, 125, 126, 128, 162
  apropriado 123
  dedutivo 125
  indutivo 125
  tipos 124
racionalismo 89
realidade
  confusa 149
  objetiva 10
reducionismo 86
revelação 60, 169
rigor analítico 12
Robert Caro 166

S

sensações atômicas 83
sensibilidade 212
  aguçada 151
ser visto 107
significado 76, 88, 155
  compartilhado 51
significância 155
silêncio social 131, 136, 221
sistemas terroristas 178
subjetividade 89

T

taquistoscópio 39

telescópio 118
tiro ao alvo 77
trocas espontâneas 127
TV Social 196

U

universais 199

V

Vedda, canções 34
veículos elétricos 160
velocidade do pensamento 31

verdade
  contextual 70
  universal 70
Virginia Woolf 41
visão atômica 83

W

William Herschel 118

Z

zootrópio 36-37

Este livro foi impresso nas oficinas gráficas da Editora Vozes Ltda.,
Rua Frei Luís, 100 – Petrópolis, RJ.